J'ADORE의 구움과자 홈베이킹

J'ADORE의 구움과자 홈베이킹

—

2024년 4월 20일 1판 1쇄 인쇄
2024년 4월 30일 1판 1쇄 발행

—

지은이 김자은(자도르)
펴낸이 이상훈
펴낸곳 책밥
주소 03986 서울시 마포구 동교로23길 116 3층
전화 번호 02-582-6707
팩스 번호 02-335-6702
홈페이지 www.bookisbab.co.kr
등록 2007.1.31. 제313-2007-126호

—

기획 박미정
사진 조정은

—

ISBN 979-11-93049-37-2 (13590)
정가 18,000원

—

책밥은 (주)오렌지페이퍼의 출판 브랜드입니다.

J'ADORE의 구움과자 홈베이킹

김자은(자도르) 지음

책밥

프롤로그

저는 몇년 전까지만 해도 평범한 회사원이었습니다.
취미로 시작한 베이킹에 푹 빠져 유튜브로 맛있는 베이킹 레시피를 소개하는 크리에이터가 되었지만, 내가 만든 레시피를 책으로 펴내는 것에 대해서는 별로 생각해 본 적이 없었습니다. 아무래도 활자로 남기는 것에 대한 부담감이 있었던 것 같아요.
그러던 중 저를 관심 있게 지켜봐 주신 도서출판 책밥으로부터 에어프라이어를 이용한 베이킹 레시피를 출간하자는 제의를 받았습니다. 아직 부족한 점이 많다는 생각에 사양하려고 했지만, 마침 에어프라이어 열풍에 동참해서 한창 사용하던 터라 관심을 가지게 되었습니다. 그리고 에어프라이어 베이킹을 하는 사람들에 대해 생각하게 되었습니다.
모든 사람들이 저처럼 매일같이 베이킹을 하는 것은 아니니, 베이킹만을 위해 고가의 오븐을 구입하는 것이 부담스러울 것 같았어요. 하지만 집에 있는 에어프라이어를 활용한다면 상황이 달라질 것 같았죠. 그런 분들을 위해 어렵지 않으면서 정말 맛있게 베이킹을 할 수 있도록 친절한 레시피를 소개하고 싶었습니다.
실제로 에어프라이어로 베이킹을 해보니 용량이 조금 작을 뿐 오븐 못지않게 먹음직스럽게 구워졌어요. 얼핏 머랭 쿠키 정도만 가능하지 않을까 생각했는데, 훨씬 다양한 종류의 과자들이 정말 그럴싸하게 만들어졌습니다. 4만 원도 채 하지 않는 보급형 에어프라이어로도 이런 훌륭한 결과물을 낼 수 있다니, 그야말로 혁명의 아이템이라는 생각이 들었습니다.

이 책에는 에어프라이어로 만들 수 있는 32가지 구움과자 레시피가 담겨 있습니다. 하지만 굽기 전까지의 공정이 오븐을 사용한 베이킹과 완전히 동일하기 때문에 오븐 사용자들도 충분히 활용할 수 있을 거예요.
베이킹을 시작하는 분들이 쉽게 만들고 정말 맛있게 먹는 레시피가 되도록 최선을 다했습니다. 이 책이 여러분의 책장에 오래도록 머물고 늘 꺼내 펼쳐 보는 책이 되었으면 하는 바람입니다.
항상 저를 지지하고 응원해 주는 가족들과 남편이 없었더라면 끝까지 용기를 내지 못했을 것입니다. 도서출판 책밥과 박미정 팀장님께도 감사한 마음을 전합니다.

자도르 김자은 드림

차 례

Part 1.

달달한 디저트 타임을 위한

쿠키

Part 2.

하나만 먹어도 든든한

스콘, 머핀, 파운드케이크

Part 3.

홈파티에 손색없는

근사한 디저트

Air fryer Baking

에어프라이어 베이킹 알아보기

에어프라이어는 기름 없이 뜨거운 공기의 순환으로 음식을 기름에 튀긴 것처럼 바삭하게 조리하는 기구입니다. 내부에 팬이 있고, 그 앞쪽에 열선이 자리 잡고 있습니다. 팬을 회전시켜 외부의 공기를 빨아들인 다음 열선 사이로 공기가 지나가면서 내부의 공기가 뜨겁게 데워지는 원리입니다. 팬의 회전으로 일으킨 열풍을 기계 내부에 빠르게 순환시켜서 대기열로 음식을 조리하는 것입니다. 열풍으로 수분을 증발시켜 겉은 바삭하고, 지방이 빠져나가 속은 촉촉하게 조리할 수 있습니다. 좁고 밀폐된 공간에서 빠른 공기 순환이 이뤄지기 때문에 오븐보다 더 빨리 조리할 수 있고 에너지 소비는 더 적은 것이 장점입니다. 예열 시간도 5~10분으로 오븐에 비해 비교적 짧은 편입니다.

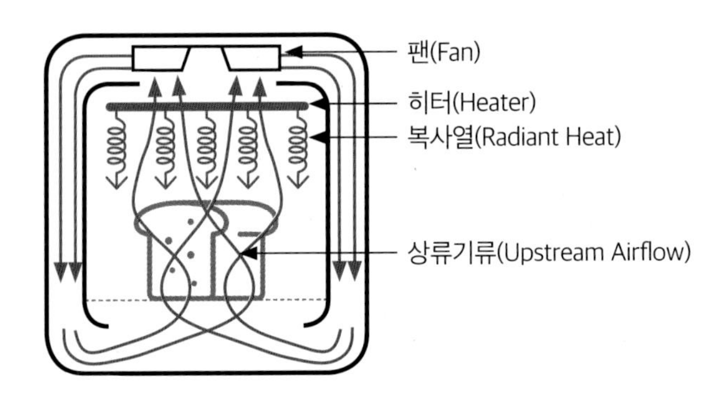

Air fryer Baking

에어프라이어 선택하기

바스켓 바닥에 내용물을 펼쳐놓고 구워야 하기 때문에 용량이 너무 작으면 한 번에 많은 양을 구울 수 없어 시간도 오래 걸립니다. 따라서 용량이 큰 제품이 좋습니다. 이 책에 소개한 베이킹에는 내부 바닥 지름이 21cm인 4.5L짜리 산본(3만 원대)과 7L짜리 퀸메이드 에어프라이어(9만 원대) 2가지를 사용했습니다. 굽는 시간과 온도에 큰 차이는 없으나 용량이 큰 제품의 열이 더 강해 같은 시간을 구워도 구움색이 더 진합니다. 책에 표기한 온도와 시간은 퀸메이드 에어프라이어 기준이며 베이킹에 사용하는 미니 오븐이나 광파 오븐과 거의 흡사한 용량입니다.

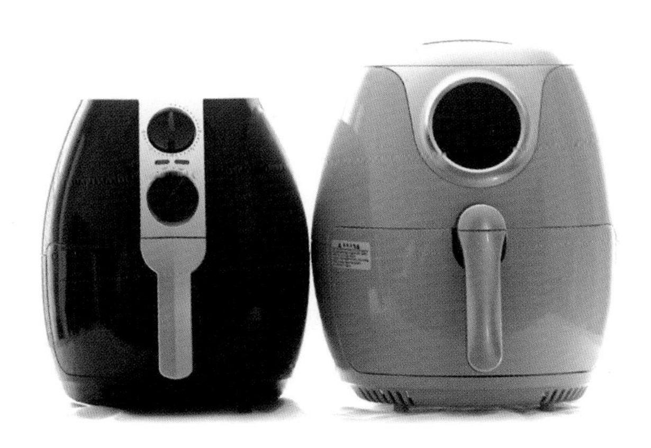

Air fryer Baking

에어프라이어로 구우면 좋은 과자 알아보기

● 에어프라이어로 만들면 맛있는 과자

바삭하게 구워야 하는 스콘, 비스코티, 머랭 쿠키, 사블레 쿠키 등은 오븐 못지않게 맛있게 만들 수 있어요.

● 오븐에 구운 것보다는 못하지만 에어프라이어로 만들 수 있는 과자

머핀, 파운드케이크, 스펀지 케이크는 오븐에 구운 것보다 겉면이 더 단단하고 색도 더 진합니다. 마카롱 코크는 에어프라이어에 구우면 오븐에 구운 것보다 속이 딱딱합니다.

● 에어프라이어로 만들기 어려운 과자

중탕으로 익혀야 하는 푸딩, 테린느, 수플레 치즈케이크는 에어프라이어 안에 뜨거운 물과 틀을 함께 넣고 구워야 하기 때문에 위험해요. 또한 롤케이크, 마들렌, 나가사키 카스텔라와 같이 틀 자체의 크기가 에어프라이어의 바스켓보다 큰 제품도 만들기 어렵습니다. 마들렌이나 카스텔라는 에어프라이어에 들어가는 작은 틀로 구울 수 있습니다.

에어프라이어 베이킹
무엇이 다른가?

에어프라이어에 구운 과자는 뜨거운 바람에 의해 겉이 빨리 마르기 때문에 오븐보다 더 단단하고 바삭합니다. 윗부분의 열선을 통해서만 열이 공급되기 때문에 바닥 부분은 열이 잘 전달되지 않아 색이 연합니다. 또한 열선 가까이 있는 윗면은 오븐에 구운 것보다 색이 더 진합니다. 따라서 오븐보다 낮은 온도에서 구워야 하는 빵이나 쿠키도 있습니다.

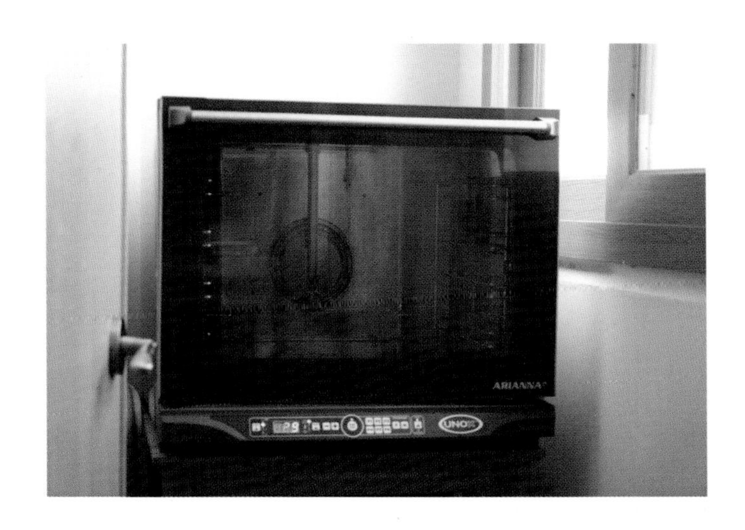

알아두면 좋은
에어프라이어 베이킹 tip

● 필요에 따라 과자를 뒤집어가며 익힌다

에어프라이어는 바닥 부분의 열이 약하기 때문에 굽는 도중 뒤집어 주어야 하는 경우가 있습니다. 바스켓의 속이 깊어서 뜨거운 과자를 꺼내서 뒤집기 어렵고, 자칫 잘못하면 화상을 입기 쉬워요. 과자를 뒤집을 때는 바스켓을 꺼내서 차분하게 작업해야 안전합니다. 에어프라이어는 예열 시간이 오븐에 비해 짧기 때문에 오븐처럼 문을 빨리 열고 닫지 않아도 됩니다.

● 거품형 반죽은 한 번에 구울 수 있는 양만큼 만든다

달걀흰자나 전란에 공기를 포집해서 만드는 거품형 반죽은 한 번에 구울 수 있는 분량만큼만 만들어야 합니다. 이 책에 소개된 베이킹 분량은 4리터 이상의 에어프라이어로 1~2회 구울 수 있는 양입니다. 특히 일본식 연유 마들렌이나 머랭 쿠키, 파블로바는 한 번에 굽지 않으면 기다리는 동안 반죽 내부의 공기가 빠져나가므로 주의합니다.

● 구움색을 확인한다

30분 이상 오래 구워야 하는 경우 윗면이 너무 진할 수 있으니 10~20분 정도 남겨두고 바스켓을 열어 확인합니다. 더 진하게 굽지 않으려면 윗면에 쿠킹호일을 덮어 마저 구우면 됩니다.

● 굽는 온도보다 10~20℃ 높여서 5~10분 예열한다

에어프라이어도 오븐과 마찬가지로 충분히 예열해야 맛있게 구울 수 있습니다. 기계의 크기와 성능에 따라 5~10분 정도 예열합니다. 에어프라이어는 오븐과 마찬가지로 문을 열고 닫을 때마다 내부의 온도가 크게 떨어지므로 굽는 온도보다 20~30℃ 높여서 5~10분 정도 예열합니다.

● 종이호일이 날리지 않도록 작은 자석으로 고정하면 편리하다

에어프라이어는 내부의 열풍이 매우 강하기 때문에 과자를 굽는 도중 바닥에 깔아둔 종이호일이 날리기 쉬워요. 작은 자석으로 종이호일을 고정해두면 좀 더 안정적으로 과자를 구울 수 있습니다.

오븐으로 만드는 분들을 위해

에어프라이어도 하나의 작은 오븐입니다. 이 책에 소개된 레시피는 모두 가정용 오븐으로도 구울 수 있어요. 오븐으로 굽는 온도와 시간을 별도로 표시해놓았습니다. 다만 오븐 성능에 따라 편차가 있을 수 있으니 온도와 시간을 조절해서 사용합니다.

Air fryer Baking

에어프라이어 베이킹 재료 알아보기

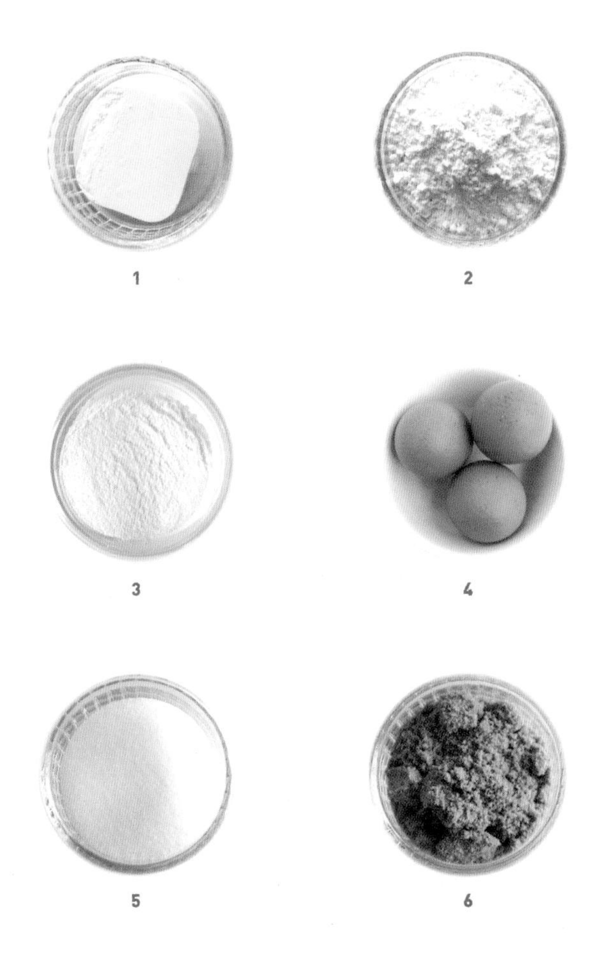

❶ 버터

제과에서는 기본적으로 소금이 첨가되지 않은 무염버터를 사용합니다. 젖산균을 넣어 발효한 버터를 반죽에 사용하면 독특한 풍미를 더할 수 있습니다. 버터는 브랜드에 따라 풍미와 질감이 조금씩 다릅니다. 여러 가지 버터를 사용해보고 자신의 취향에 맞는 과자를 만들어보세요. 이 책에서는 엘르앤비르(Elle & Vire) 발효버터를 사용했습니다.

❷ 밀가루

우리나라에서는 밀가루를 단백질 함량에 따라 박력분, 중력분, 강력분으로 구분합니다. 단백질 함량이 가장 낮은 박력분은 글루텐이 적게 생성되어 식감이 가볍고 폭신합니다. 단백질 함량이 높은 강력분은 글루텐이 많이 생성되어 식감이 쫄깃하고 무겁습니다. 제과에서는 단백질 함량이 가장 적은 박력분을 주로 사용하지만, 원하는 식감에 따라 중력분을 사용하거나, 박력분과 강력분을 섞어서 사용하기도 합니다.

❸ 옥수수 전분(콘스타치)

제과에서는 대부분 옥수수 전분을 사용합니다. 밀가루와 달리 단백질이 전혀 들어 있지 않아 반죽에 사용하면 밀가루보다 가볍고 부드러운 식감을 냅니다.

❹ 달걀

제과에서 빼놓을 수 없는 핵심 재료입니다. 반죽에 수분을 더하고, 열에 의해 응고되면서 모양을 잡아주며, 공기를 포집하는 역할을 하고, 다양한 영양 성분을 더할 수 있습니다. 이 책에서는 껍질을 포함한 무게가 60g 정도인 특란을 사용했습니다.

❺ 백설탕

정제 방법과 입자 크기에 따라 백설탕, 황설탕, 슈거파우더 등 다양한 종류가 있습니다. 어떤 것을 사용하느냐에 따라 식감과 맛이 크게 달라집니다. 정제된 백설탕은 제과에서 가장 기본적으로 사용합니다. 설탕은 단맛을 내는 것 외에도 구움과자나 케이크를 촉촉하게 만들고, 시간이 지나면서 퍼석해지는 것을 늦춥니다. 또한 구움과자나 케이크 반죽을 잘 부풀어 오르게 하며 먹음직스러운 색깔을 냅니다.

❻ 머스코바도

사탕수수에서 추출하는 과정에서 결정과 당밀을 분리하지 않은 것을 '비정제 설탕'이라고 합니다. 머스코바도는 비정제 설탕의 일종으로 당밀이 포함되어 있어 백설탕보다 색이 진하고 감칠맛과 특유의 풍미가 있습니다. 백설탕보다 조금 끈적이며 정제하지 않아 영양소가 풍부합니다. 같은 양의 백설탕보다 조금 덜 달게 느껴지기도 합니다.

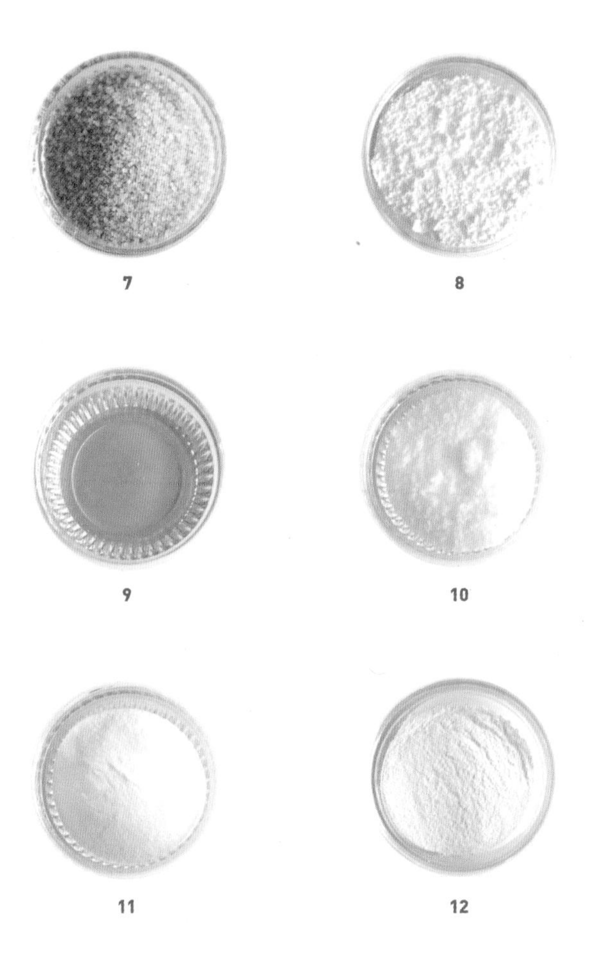
7
8
9
10
11
12

❼ 터비나도

비정제 설탕으로 머스코바도보다 당밀 함유량이 적어 색과 풍미가 더 약한 편입니다. 주로 커피에 넣어 먹는 설탕입니다. 입자가 굵어 열에 잘 녹지 않아 스콘 표면에 씹히는 질감을 위해 사용했습니다.

❽ 슈거파우더

설탕을 아주 곱게 갈아놓은 것입니다. 쉽게 덩어리지지 않도록 전분을 3~15% 첨가하여 만들기도 합니다. 설탕보다 입자가 가늘기 때문에 설탕을 넣었을 때보다 더 곱게 입안에서 부서지는 식감을 냅니다. 이 책에서는 전분이 5% 함유된 슈거파우더를 사용했습니다.

❾ 꿀

수분 보유력이 높아 반죽을 촉촉하게 만들어줍니다. 제과에서는 일반적으로 향이 강하지 않은 잡화꿀을 사용합니다.

❿ 소금

제과에서 사용하는 소금은 반죽에 잘 녹아들 수 있도록 입자가 곱고 화학 처리가 되지 않은 것이 좋습니다. 설탕이 들어가는 반죽에 약간의 소금을 넣으면 단맛을 증폭시키고 감칠맛을 끌어올리는 역할을 합니다.

⓫ 베이킹소다

탄산수소나트륨이라고도 하며 반죽을 부풀리는 화학 팽창제입니다. 강한 알칼리성을 띠며 산성 성분과 만나거나 수분, 열과 접촉하면 가스(이산화탄소)를 배출합니다. 과자의 구움색을 진하게 만들며, 많이 사용하면 쓴맛이 날 수 있습니다.

⓬ 베이킹파우더

알칼리성인 베이킹소다에 산성제, 전분 등을 섞어 베이킹소다의 단점을 보완하고 좀 더 안정적으로 사용할 수 있도록 개량한 제품입니다. 저렴한 베이킹파우더를 사용하면 구웠을 때 떫은맛이 느껴지는 경우가 있습니다. 되도록 알루미늄 프리 제품을 사용할 것을 권장합니다.

13
14
15
16
17
18

⑬ 아몬드 파우더

껍질을 벗긴 아몬드를 곱게 간 것으로 박력분을 일부 대체하여 사용하면 고소함과 촉촉함을 더 합니다.

⑭ 크림치즈

우유와 생크림을 원료로 숙성하지 않은 생치즈입니다. 은은하고 부드러운 신맛이 나고 끝맛이 고소해 제과에 두루 쓰입니다. 이 책에서는 키리(Kiri)의 크림치즈를 사용했습니다.

⑮ 우유

수분을 공급하고, 영양가를 높이며, 단백질과 유당 성분에 의해 맛깔스러운 색을 냅니다. 유지방 성분 함유량에 따라 무지방, 저지방, 고지방 우유로 나뉩니다. 이 책에서는 일반 우유를 사용했습니다.

⑯ 생크림

우유에서 유지방을 분리한 것으로 유지방 함량에 따라 다양한 생크림이 나옵니다. 이 책에서는 유지방 38%의 동물성 생크림을 사용했는데, 식물성 유지로 만든 생크림보다 맛과 식감이 뛰어납니다.

⑰ 요거트

우유에 유산균을 넣어 발효한 것으로 반죽에 촉촉함과 독특한 풍미를 더합니다. 이 책에서는 설탕이 들어가지 않은 플레인 요거트를 사용했습니다.

⑱ 사워크림

생크림을 발효해 요거트처럼 만든 것으로, 신맛이 강하고 유지방 함량이 높습니다. 반죽에 촉촉함과 특유의 풍미를 더합니다.

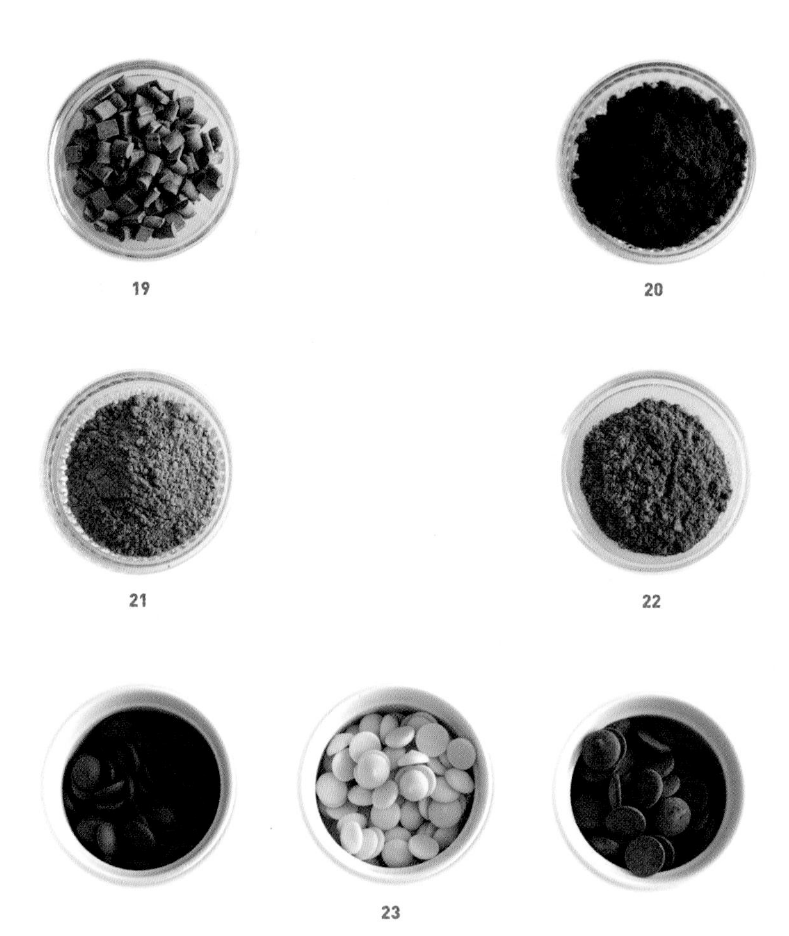
19
20
21
22
23

⑲ 초코칩

오븐의 열에도 녹지 않고 형태가 유지되도록 가공한 초콜릿입니다. 이 책에서는 칼리바우트(Callebaut)의 청크초코칩을 사용했습니다.

⑳ 코코아 파우더

볶은 카카오빈을 갈아서 페이스트 형태로 만든 후 압착하여 카카오 버터를 분리하고 나머지를 건조 분쇄한 것입니다. 제과용 코코아 파우더는 내추럴 코코아 파우더에 물리적 화학적 변형을 가해 알칼리 처리를 한 것으로, '더치 프로세스 코코아 파우더'라고도 부릅니다. 이 책에서는 발로나(Valrhona)를 사용했습니다.

㉑ 말차가루

녹차 잎이 새싹일 때부터 햇볕을 차단한 그늘에서 재배해 잎을 쪄서 말려 고운 가루로 만든 것입니다. 녹차가루에 비해 색이 진한 푸른빛을 띠고 구웠을 때 변색이 덜합니다. 클로렐라가 함유된 제품을 사용하면 구웠을 때 더욱 예쁜 초록빛을 냅니다. 이 책에서는 나리주카 말차가루를 사용했습니다.

㉒ 쑥가루

쑥을 말려 곱게 간 것입니다. 쑥가루를 체로 치다 보면 섬유질처럼 질긴 부분이 걸러지는데, 좋지 않은 식감과 맛을 내므로 반죽에 넣지 않는 것이 좋습니다.

㉓ 다크 커버추어 초콜릿

카카오 버터 함유량이 30% 이상인 고급 초콜릿을 뜻합니다. 코코넛유, 팜유 등의 식물성 유지나 정제 가공 유지가 전혀 들어 있지 않고, 순수 카카오 버터만 함유되어 입안에서 부드럽게 녹습니다. 성분에 따라 다크, 밀크, 화이트로 나뉘며 이 책에서는 카카오바리(Cacao Barry)의 오코아퓨리티(Ocoa Purity, 카카오 함량 70%), 엑셀랑스퓨리티(Excellance Purity, 카카오 함량 55%)를 사용했습니다.

24

25

26

27

28

㉔ 리큐르

증류주에 과일이나 향료 등을 첨가한 술을 말합니다. 리큐르를 적절히 첨가하면 더욱 고급스럽고 풍미가 좋은 과자를 만들 수 있습니다. 이 책에서는 골드럼과 말리부를 사용했습니다.

㉕ 오일

제과에서 기본적으로 향이 없는 포도씨유나 카놀라유를 사용합니다. 필요에 따라 올리브유와 같이 특유의 향이 있는 오일을 사용해 독특한 맛을 내기도 합니다.

㉖ 바닐라 엑스트랙

고가의 바닐라빈을 대체해서 저렴하게 사용할 수 있습니다. 주로 알코올이나 시럽 등의 베이스에 바닐라 향을 우려낸 제품으로, 진한 바닐라 향을 내기보다 살짝 첨가해서 비린 맛과 잡내를 없애는 역할을 합니다.

㉗ 바닐라빈

검은 점 같은 바닐라 씨앗이 가득 들어 있는 바닐라 꼬투리(vanilla pod)를 건조 발효한 것으로, 풍부한 꽃향기와 달콤한 향을 내며 달걀의 비린 맛을 잡아줍니다. 반죽에는 껍질에서 긁어낸 바닐라 씨앗만을 사용하며, 긁어내고 남은 껍질은 설탕에 넣어두었다가 곱게 갈아서 바닐라 슈거를 만들 수 있습니다.

㉘ 레몬즙, 레몬 제스트

레몬즙을 직접 짜서 사용하는 것이 시판 레몬주스보다 쓰고 텁텁한 맛이 덜해 훨씬 맛있습니다. 레몬 제스트는 레몬 껍질의 노란 부분만 얇게 갈아낸 것입니다. 안쪽의 흰 부분은 쓴맛이 날 수 있으니 주의합니다. 수입산 레몬은 표면의 왁스 및 농약 성분을 꼼꼼하게 세척하고 사용하는 것이 좋습니다.

Air fryer Baking

에어프라이어 베이킹 도구 알아보기

1

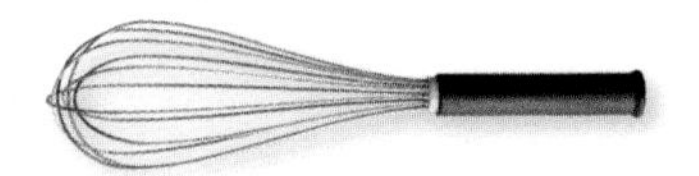

2

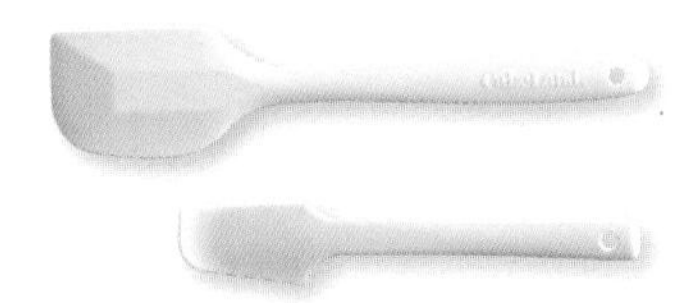

3

4

5

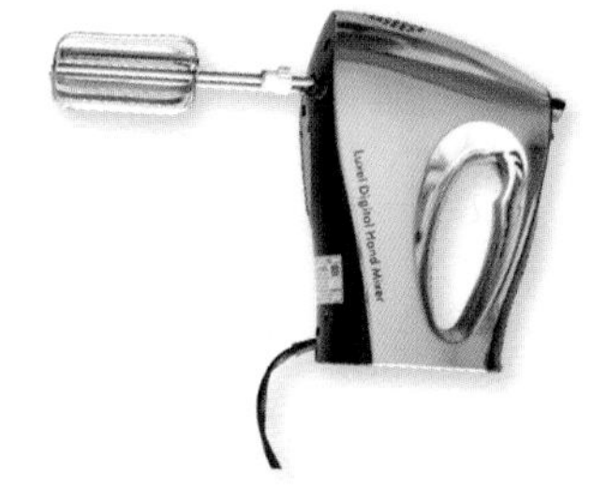

6

❶ 전자저울

베이킹은 정확한 계량이 중요하기 때문에 저울이 반드시 필요합니다. 작은 차이로도 결과물이 달라질 수 있으니 눈금저울보다는 오차가 적은 전자저울을 사용하는 것이 좋습니다.

❷ 손거품기

재료를 고루 섞거나 거품을 낼 때 사용합니다. 홈베이킹에 사용하기에는 전체 길이 25~30cm 거품기가 적당합니다. 와이어가 탄탄하고 촘촘하며 손에 힘을 잘 받을 수 있는 것이 좋습니다.

❸ 실리콘 주걱

반죽을 섞을 때 사용하며, 볼의 가장자리를 깨끗이 정리하는 데는 나무 주걱보다 실리콘 주걱이 유용합니다. 머리와 몸통이 일체형인 주걱이 이물질이 낄 염려가 없어 위생적이고, 내열이 가능한 주걱이 잼을 끓이거나 캐러멜을 만들 때도 두루두루 사용하기 편리합니다.

❹ 체

모든 가루 재료는 체로 쳐서 사용합니다. 불순물을 걸러낼 뿐 아니라 가루가 서로 뭉치지 않고 사이사이에 공기가 들어가 재료와 잘 섞입니다. 우유에 우린 찻잎 등 액체 재료를 거를 때도 사용합니다.

❺ 볼

반죽을 섞거나 크림 또는 머랭을 만들 때 사용합니다. 유리, 스테인리스, 폴리카보네이트 등 다양한 재질이 있는데, 스테인리스 볼을 가장 많이 사용합니다. 지름과 깊이에 따라 2~3개 정도 갖추고 있으면 반죽의 양이나 용도에 따라 사용하기 편리합니다. 홈베이킹으로 사용하기에는 윗면 지름 20~26cm가 적당합니다.

❻ 핸드믹서

손거품기보다 공기를 쉽고 빠르게 포집할 수 있습니다. 단, 힘이 강하기 때문에 버터나 머랭, 생크림 등을 휘핑할 때 공기가 과도하게 들어가 오버 휘핑되지 않도록 주의합니다.

7

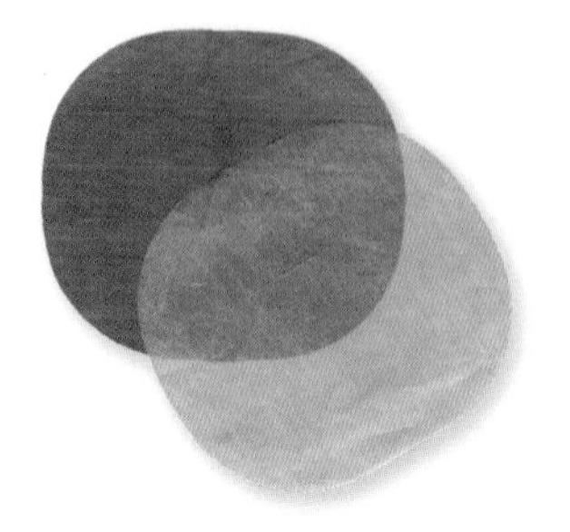

8

9

10

11

12

❼ 종이호일, 유산지

에어프라이어로 베이킹이나 요리할 때 꼭 갖춰야 할 필수 도구입니다. 바스켓 바닥에 깔면 과자가 들러붙지 않고, 철로 만든 틀에 깔고 구우면 반죽이 들러붙지 않아 편리합니다.

❽ 테프론 시트

기본적인 용도는 유산지와 동일하지만 300℃까지 내열이 가능하고, 반영구적으로 사용할 수 있습니다. 바스켓 바닥 크기에 맞게 미리 잘라 두면 편리합니다.

❾ 짤주머니

크림이나 반죽을 원하는 모양으로 짜거나, 묽은 반죽을 좁은 틀 속에 깔끔하게 담을 때 사용합니다. 여러 번 사용 가능한 천 짤주머니와 비닐로 된 일회용 짤주머니가 있습니다. 크림 등을 짤 때는 일회용 짤주머니가 위생적이고, 되직한 반죽을 짤 때는 천 짤주머니가 튼튼해서 사용하기 더 편리합니다.

❿ 모양 깍지

짤주머니 앞쪽에 끼워 크림이나 반죽의 모양을 내는 데 사용합니다. 취향에 따라 다양한 모양의 깍지를 끼울 수 있습니다. 이 책에서는 벚꽃깍지(510번, 좌)와 8발 별깍지(853K번, 우)를 사용했습니다.

⓫ 온도계

정확한 온도로 반죽을 만들면 빵이나 과자를 더욱 맛있게 만들 수 있습니다. 이 책에서는 주로 녹인 버터나 초콜릿의 온도를 잴 때 사용합니다.

⓬ 제스터

레몬 등 감귤류의 겉껍질을 얇게 벗겨낼 때, 덩어리 치즈를 갈아서 반죽에 넣을 때, 초콜릿을 갈 때도 사용합니다.

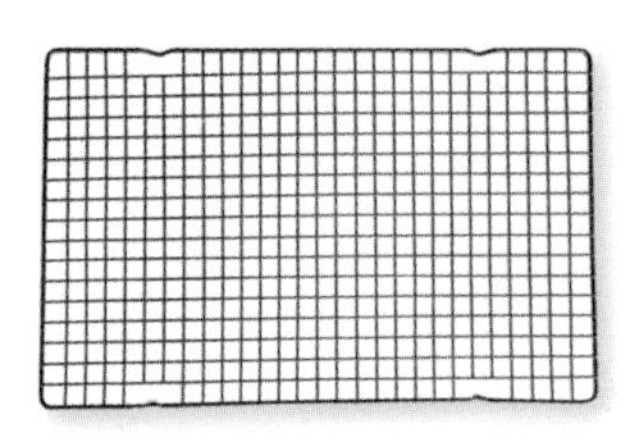

13

14

15

16

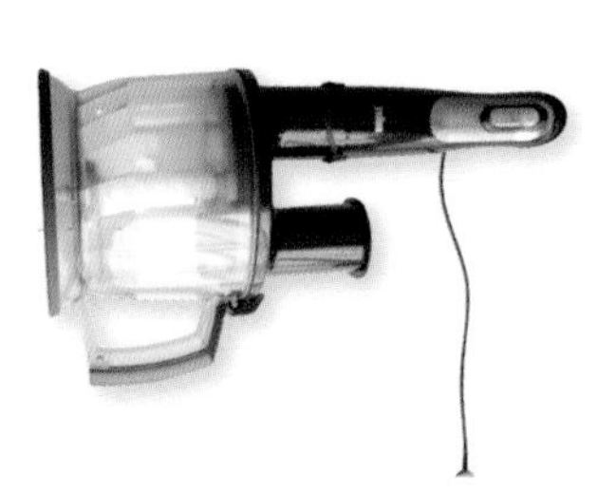

17

18

⑬ 식힘망
오븐에서 꺼낸 뜨거운 시트나 쿠키 등을 식힘망에 올려두면 밑바닥이 수분으로 눅눅해지지 않습니다.

⑭ 붓
철로 만든 틀에 버터를 얇게 바르거나 반죽 표면에 달걀물을 바를 때 사용합니다. 부드럽고 털이 잘 빠지지 않는 것이 좋습니다.

⑮ 빵칼
비스코티나 스펀지 케이크처럼 부서지기 쉬운 빵은 톱날 모양의 칼을 사용하면 예쁘게 썰 수 있습니다.

⑯ 스테인리스 트레이
재료가 묻어 있는 거품기, 주걱 등을 스테인리스 트레이에 올려두면 위생적이고 효율적으로 작업할 수 있습니다. 또한 에어프라이어 바스켓 속에 들어가는 크기로 구비해두면 작은 쿠키를 한꺼번에 넣어 굽고 꺼내기 편리합니다. 중간에 뒤집어주어야 하는 쿠키도 트레이 채로 들어 올리면 빨리 작업할 수 있습니다.

⑰ 푸드프로세서
모터로 칼날을 회전시켜 재료를 잘게 분쇄합니다. 이 책에서는 스콘을 만들 때, 밀가루에 버터를 넣고 작게 다질 때 사용하면 손보다 빠르고 편리합니다. 그 밖에 가나슈를 유화할 때, 견과류를 갈아 페이스트로 만들 때도 유용합니다.

⑱ 각종 틀
파운드케이크, 치즈케이크 등 묽은 반죽을 담아 구울 때 사용합니다. 이 책에서는 오란다 틀(대), 정사각 팬(2호), 낮은 타르트틀(3호), 미니 큐브 식빵팬, 망게틀을 사용했습니다. 에어프라이어 바스켓 안에 들어가지 않는 크기가 많으니 반드시 확인하고 구입합니다.

Part 1.

달달한 디저트 타임을 위한

쿠키

바삭바삭 또는 촉촉하고 달달한 쿠키는 에어프라이어로 만들기 가장 적합한 제과입니다. 게다가 다른 것에 비해 재료와 도구들을 구하기 쉬워 초보자들이 만들기에 좋습니다. 함께 나누고 싶은 가족과 지인들을 떠올리며 쿠키를 한번 구워보는 것은 어떨까요? 조금 서툰 모양이지만 쿠키 한 조각이 당신의 일상을 조금 더 달콤하게 만들어줄 거예요.

3가지 맛 사블레 쿠키

'사블레(Sablé)'는 프랑스어로 '모래'라는 뜻이에요. 모래처럼 가볍게 부서지는 식감을 가진 사블레 쿠키는 반죽을 긴 원통 모양으로 만들고 썰어서 구워요. 반죽을 냉동실에 보관해두었다가 필요할 때 언제든 꺼내서 잘라 구울 수 있다고 해서 '아이스박스 쿠키'라고 부르기도 합니다. 가장 기본적이고 활용도가 높은 쿠키 중 하나입니다.

바닐라 사블레

Air fryer

160℃ / 15분 → 뒤집어서 → 10분

Oven

160℃ / 23분

재료 20개 분량

반죽

버터 62g

설탕 25g

달걀노른자 6g

박력분 65g

강력분 18g

소금 1꼬집

바닐라빈 1/2개

마무리

설탕 적당량

미리 준비하기

- 모든 재료는 차갑지 않게 실온에 둡니다.
- 박력분과 강력분을 함께 계량하고 한 번 체로 쳐서 준비합니다.
- 바닐라빈은 세로로 길게 자른 다음 칼등으로 속에 들어 있는 씨앗만 긁어내세요.

만드는 법

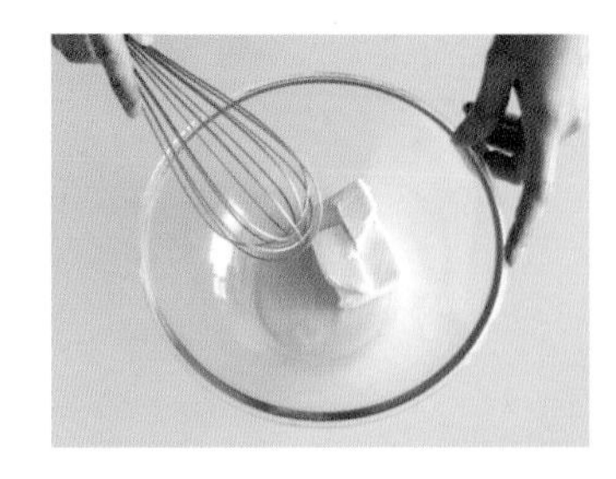

1 실온 상태의 부드러운 버터를 손거품기로 부드럽게 풀어주세요.

참고 … 손거품기 대신 핸드믹서를 사용해도 됩니다. 여기서는 양이 적어 손거품기를 사용했어요. 핸드믹서 사용 25쪽

2 1에 설탕, 소금, 바닐라빈을 넣고 설탕이 서걱거리지 않고 전체적으로 부드러운 크림 상태가 될 때까지 손거품기로 가볍게 섞어주세요.

3 2에 실온 상태의 달걀노른자를 넣고 손거품기로 고루 섞어주세요.

4 3에 체로 친 박력분과 강력분을 넣고 주걱을 세워 자르듯이 가볍게 섞어서 한 덩어리로 만들어주세요.

참고 … 박력분과 강력분 15쪽

팁 … 주걱을 세워 자르듯이 가볍게 섞는 이유

밀가루와 수분이 만나면 글루텐이라는 식물성 단백질 혼합물이 생성됩니다. 반죽을 가볍게 섞지 않고 치대듯이 마구 섞으면 글루텐이 많이 생겨 쿠키가 딱딱해지고, 케이크 반죽이 떡처럼 질기게 됩니다. 주걱을 세워 자르듯이 섞으면 글루텐 생성을 최소화할 수 있습니다.

5 완성된 반죽은 손으로 만져서 모양을 잡을 수 있도록 랩이나 비닐에 싸서 냉장고에 20~30분 휴지시킵니다.

6 단단해진 반죽을 작업대에 올려놓고 잘게 뜯은 다음 모양을 만들기 좋은 굳기가 되도록 손으로 살짝 치대 부드럽게 만들어주세요.

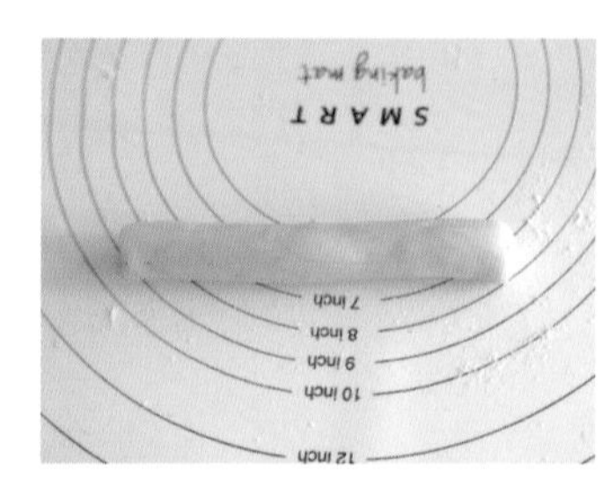

7 반죽을 양손으로 조금씩 늘려가며 긴 원통 모양으로 만들어주세요. 반죽을 2~3덩어리로 나눠 작업하면 한결 편합니다. 스테인리스 트레이의 평평한 바닥 부분으로 반죽을 굴려서 마무리하면 매끈한 원통 모양을 만들기 쉽답니다.

참고 … 작업대에 반죽이 달라붙지 않도록 덧가루(강력분)를 조금씩 뿌려가며 작업하세요. 덧가루로 강력분을 사용하는 이유는 입자가 크고 무거워 박력분보다 흩뿌리기 쉽고 반죽에 잘 스며들지 않기 때문입니다.

8 반죽을 칼로 반듯하게 썰어낼 수 있도록 냉동실에 1~2시간 휴지시킵니다.

9 8의 단단해진 반죽 겉면에 붓으로 달걀흰자나 물을 얇게 바른 다음 여분의 설탕을 골고루 입혀주세요.

참고 … 넓고 얕은 트레이에 설탕을 넉넉히 담고 그 위에 반죽을 굴려주면 설탕을 묻히기 쉽습니다.

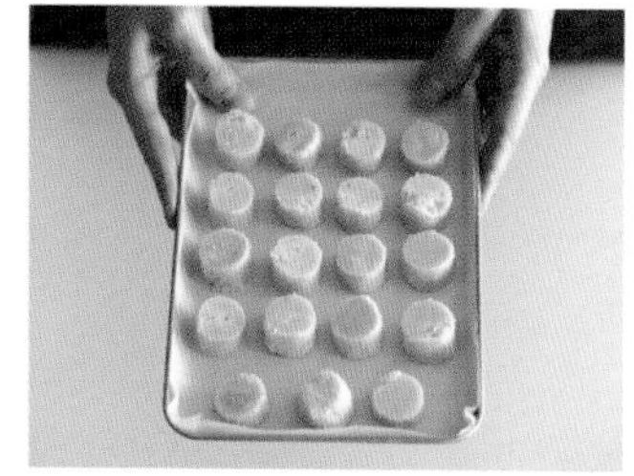

10 9의 반죽을 1.5cm 두께로 균일하게 잘라 스테인리스 트레이에 유산지를 깔고 그 위에 올려주세요.

참고 … 유산지가 열풍에 날리지 않도록 모서리를 자석으로 고정합니다.

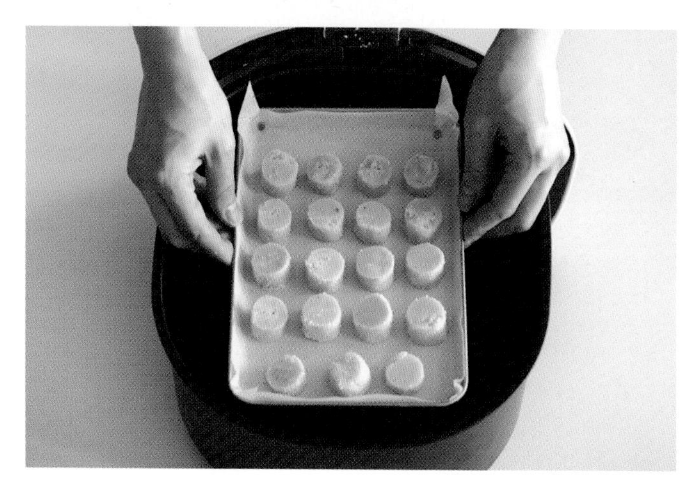

11 예열한 에어프라이어에 160℃로 15분, 뒤집어서 10분 구워주세요.

160℃ / 23분

Note

- 반죽은 원통 모양으로 만들어 냉동실에 한 달 정도 보관할 수 있습니다. 칼이 들어갈 정도로 해동한 후 필요한 만큼 잘라서 구우면 됩니다. 반죽에 냉동실 냄새가 배지 않도록 랩이나 지퍼백 등으로 잘 밀폐해서 보관합니다.
- **보관** : 구운 쿠키는 완전히 식혀서 밀폐용기에 방습제와 함께 넣고 서늘한 실온에 보관합니다. 일주일 정도 실온에 두고 먹을 수 있으며, 더 오래 두고 먹으려면 냉동 보관합니다.

얼그레이 사블레

Air fryer
160℃ / 15분 → 뒤집어서 → 10분

Oven
160℃ / 23분

재료 20개 분량

반죽
버터 62g
설탕 25g
달걀노른자 6g
박력분 65g
강력분 18g
소금 1꼬집
얼그레이 찻잎 3g

마무리
설탕 적당량

미리 준비하기

- 모든 재료는 차갑지 않게 실온에 둡니다.
- 얼그레이 찻잎은 푸드프로세서나 절구로 곱게 갈아서 준비하세요. 얼그레이 입자가 고울수록 같은 양을 넣어도 향이 더 풍부합니다.
- 박력분과 강력분, 얼그레이 찻잎은 함께 계량하고 한 번 체로 쳐서 준비하세요.

만드는 법

1 실온 상태의 부드러운 버터를 손거품기로 부드럽게 풀어주세요.

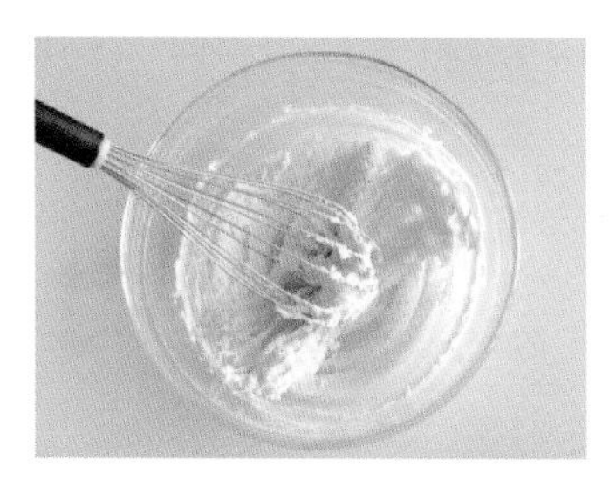

2 1에 설탕, 소금을 넣고 설탕이 서걱거리지 않고 전체적으로 부드러운 크림 상태가 될 때까지 손거품기로 가볍게 섞어주세요.

3 2에 실온 상태의 달걀노른자를 넣고 손거품기로 고루 섞어주세요.

4 3에 체로 친 박력분, 강력분, 얼그레이 찻잎을 넣고 주걱을 세워 자르듯이 가볍게 섞어서 한 덩어리로 만들어주세요.

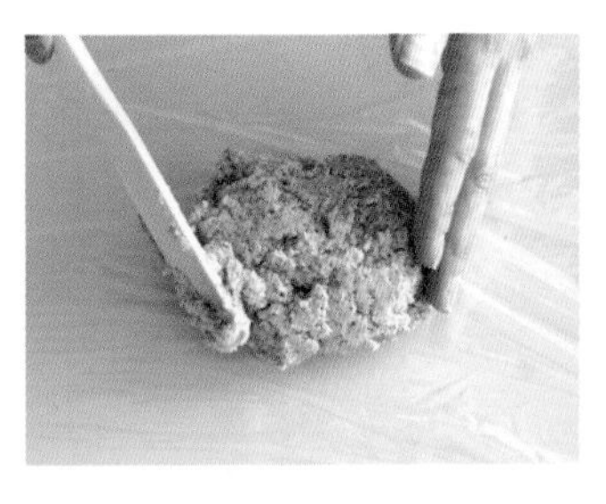

5 완성된 반죽은 손으로 모양을 만들 수 있도록 랩이나 비닐 등에 싸서 냉장고에 20~30분 휴지시킵니다.

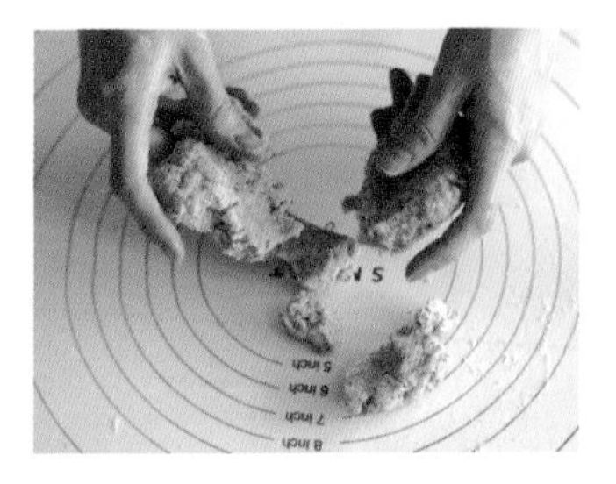

6 단단해진 반죽을 작업대에 올려놓고 잘게 뜯은 다음 모양을 만들기 좋은 굳기가 되도록 손으로 살짝 치대 부드럽게 만들어주세요.

7 반죽을 양손으로 굴려 조금씩 늘려가며 긴 원통 모양으로 만듭니다. 반죽을 2~3덩어리로 나눠서 작업하면 한결 편합니다. 스테인리스 트레이의 평평한 바닥 부분으로 반죽을 굴리면 매끈한 원통 모양을 쉽게 만들 수 있어요.

참고 … 손으로 반죽을 길게 늘이는 과정에서 끝 모양이 평평하지 않고 계속 뭉개지기 때문에 중간 중간 스크래퍼로 양 끝의 모양을 반듯하게 잡아줍니다. 작업대에 반죽이 달라붙지 않도록 덧가루(강력분)을 조금씩 뿌려가면서 작업합니다.

8 7의 반죽을 칼로 반듯하게 썰어낼 수 있도록 냉동실에서 1~2시간 휴지시킵니다.

9 8의 단단해진 반죽 겉면에 붓으로 달걀흰자나 물을 얇게 바른 다음 여분의 설탕을 골고루 입혀주세요.

참고 … 넓고 얕은 트레이에 설탕을 넉넉히 담고 그 위에 반죽을 굴려주면 설탕을 묻히기 쉬워요.

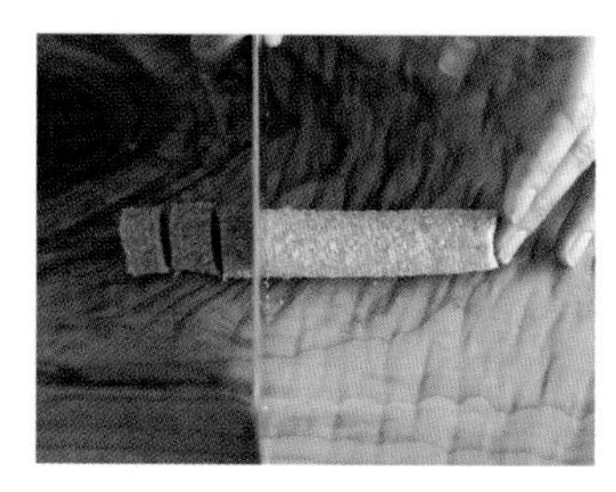

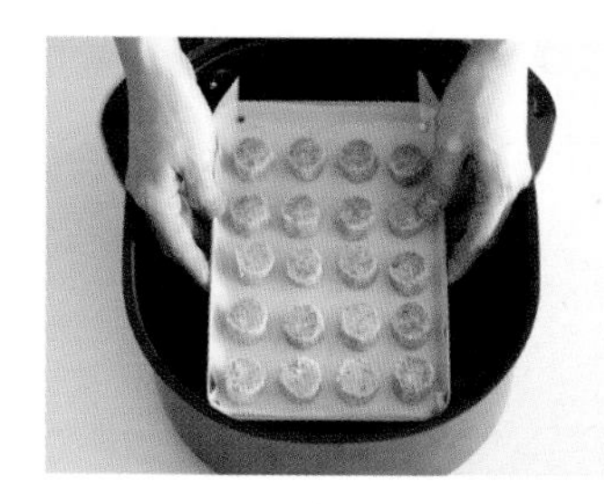

10 반죽을 1.5cm 두께로 균일하게 잘라 스테인리스 트레이에 유산지를 깔고 그 위에 올립니다.

참고 … 유산지가 열풍에 날리지 않도록 모서리를 자석으로 고정합니다.

11 예열한 에어프라이어에 160℃로 15분, 뒤집어서 10분 구워주세요.

160℃ / 23분

Note

- 반죽은 원통 모양으로 만들어 냉동실에 한 달 정도 보관할 수 있습니다. 칼이 들어갈 정도로 해동한 후 필요한 만큼 잘라서 구우면 됩니다. 반죽에 냉동실 냄새가 배지 않도록 랩이나 지퍼백 등으로 잘 밀폐해서 보관합니다.
- **보관** : 구운 쿠키는 완전히 식혀서 밀폐용기에 방습제와 함께 넣고 서늘한 실온에 보관합니다. 일주일 정도 실온에 두고 먹을 수 있으며, 더 오래 두고 먹으려면 냉동 보관합니다.

커피 호두 사블레

 Air fryer

160℃ / 15분 → 뒤집어서 → 10분

 Oven

160℃ / 23분

재료 20개 분량

반죽
버터 62g
설탕 25g
달걀노른자 6g
박력분 65g
강력분 18g
소금 1꼬집
커피 농축액 2g
에스프레소 가루 1g
호두 분태 30g

마무리
설탕 적당량

미리 준비하기

- 모든 재료는 차갑지 않게 실온에 둡니다.
- 박력분과 강력분, 에스프레소 가루를 함께 계량하고 한 번 체로 쳐서 준비합니다.
- 호두는 에어프라이어에 170℃로 10분 정도 구운 다음 식혀서 잘게 다집니다.
- 커피 농축액은 베이킹 재료 쇼핑몰에서 살 수 있습니다.

만드는 법

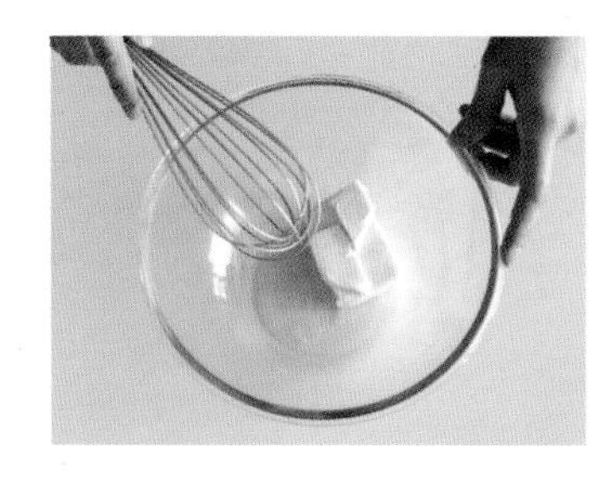

1 실온 상태의 부드러운 버터를 손거품기로 부드럽게 풀어주세요.

2 1에 설탕, 소금을 넣고 설탕이 서걱거리지 않고 전체적으로 부드러운 크림 상태가 될 때까지 손거품기로 가볍게 섞어주세요.

3 2에 실온 상태의 달걀노른자와 커피 농축액을 넣고 손거품기로 고루 섞어주세요.

4 3에 체로 친 박력분, 강력분, 에스프레소 가루를 넣고 주걱을 세워 자르듯이 가볍게 섞어주세요.

참고 … 에스프레소 가루는 원두를 에스프레소용으로 곱게 분쇄한 것입니다. 캡슐 커피에 든 것을 사용해도 되고, 없으면 커피 농축액을 조금 더 넣어줍니다.

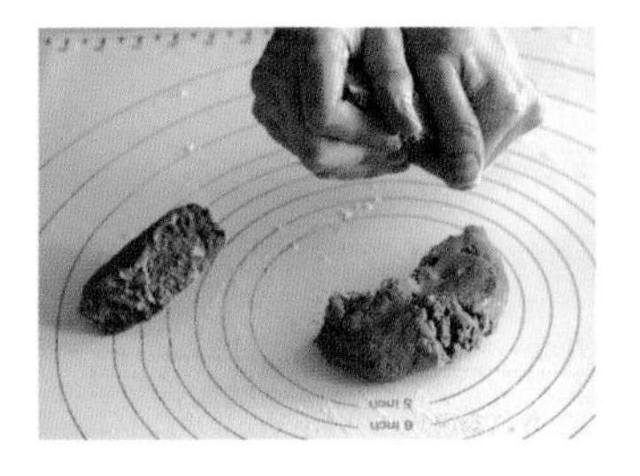

5 4를 날가루가 보이지 않을 정도로 섞은 다음 호두 분태를 넣어 한 덩어리로 뭉쳐주세요.

6 완성된 반죽은 손으로 모양을 만들 수 있도록 랩이나 비닐 등에 싸서 냉장고에 20~30분 휴지시킵니다.

7 단단해진 반죽을 작업대에 올려놓고 잘게 뜯은 다음 모양을 만들기 좋은 굳기가 되도록 손으로 살짝 치대 부드럽게 만들어주세요.

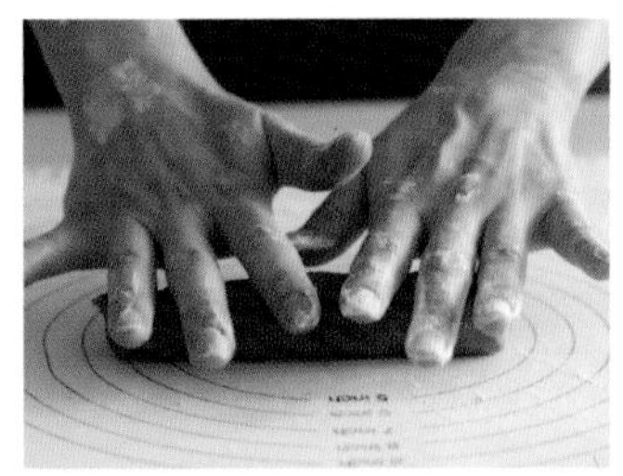

8 7의 반죽을 양손으로 조금씩 늘려가며 긴 원통 모양으로 만들어주세요. 반죽을 2~3덩어리로 나눠서 작업하면 한결 편합니다. 스테인리스 트레이의 평평한 바닥 부분으로 반죽을 굴려서 마무리하면 매끈한 원통 모양을 쉽게 만들 수 있어요.

참고 … 작업대에 반죽이 달라붙지 않도록 덧가루(강력분)를 조금씩 뿌려가며 작업하세요.

9 반죽을 칼로 반듯하게 썰어낼 수 있도록 냉동실에 다시 1~2시간 휴지시킵니다.

10 단단해진 반죽 겉면에 붓으로 달걀흰자나 물을 얇게 바른 다음 여분의 설탕을 골고루 입혀주세요.

참고 … 넓고 얕은 트레이에 설탕을 넉넉히 담고 그 위에 반죽을 굴려주면 설탕을 묻히기 편합니다.

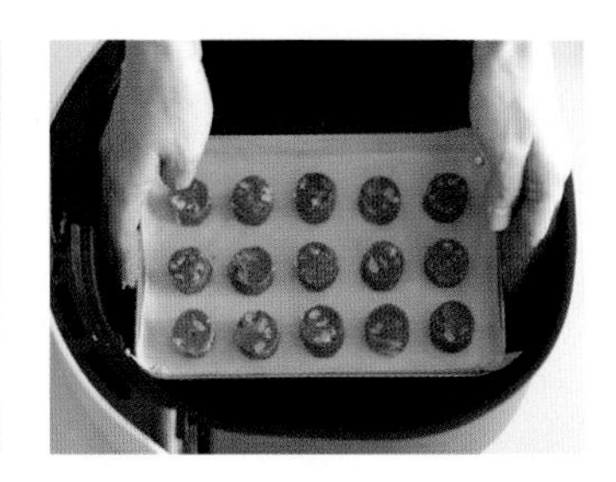

11 반죽을 1.5cm 두께로 균일하게 잘라 스테인리스 트레이에 유산지를 깔고 그 위에 올려주세요.

참고 … 유산지가 열풍에 날리지 않도록 모서리를 자석으로 고정합니다.

12 예열한 에어프라이어에 160℃로 15분, 뒤집어서 10분 구워주세요.

160℃ / 23분

Note

- 반죽은 원통 모양으로 만들어 냉동실에 한 달 정도 보관할 수 있습니다. 칼이 들어갈 정도로 해동한 후 필요한 만큼 잘라서 구우면 됩니다. 반죽에 냉동실 냄새가 배지 않도록 랩이나 지퍼백 등으로 잘 밀폐해서 보관합니다.
- **보관** : 구운 쿠키는 완전히 식혀서 밀폐용기에 방습제와 함께 넣고 서늘한 실온에 보관합니다. 일주일 정도 실온에 두고 먹을 수 있으며, 더 오래 두고 먹으려면 냉동 보관합니다.

3가지 맛 비에누아

'비에누아(Viennois)'는 짜서 굽는 대표적인 쿠키 중 하나예요. 오스트리아 빈에서 처음 만들어져 '빈풍의'라는 의미의 '비에누아'라는 이름이 붙었고, '위너(Wieners)'라고도 불립니다. 반죽에 달걀흰자만 들어가기 때문에 노른자나 전란을 넣고 만든 쿠키보다 더 바삭합니다.

바닐라 비에누아

Air fryer

150℃ / 15분 → 뒤집어서 → 10분

Oven

160℃ / 25분

재료 10개 분량

버터 70g
슈거파우더 33g
달걀흰자 12g
박력분 73g
옥수수 전분 10g
바닐라빈 1/2개
소금 1꼬집

미리 준비하기

- 모든 재료는 차갑지 않게 실온에 둡니다.
- 박력분과 옥수수 전분은 함께 계량하고 한 번 체로 쳐서 준비합니다.
- 바닐라빈은 세로로 길게 자른 다음 칼등으로 속에 들어 있는 씨앗만 긁어냅니다.

만드는 법

1 실온 상태의 부드러운 버터를 손거품기로 풀어주세요.

2 1에 슈거파우더, 소금, 바닐라빈을 넣고 전체적으로 부드러운 크림 상태가 될 때까지 손거품기로 가볍게 섞어주세요.

3 2에 실온 상태의 달걀흰자를 2번에 나눠서 넣어가며 손거품기로 고루 섞어주세요.

4 3에 체로 친 박력분과 옥수수 전분을 넣고 주걱을 세워 자르듯이 가볍게 섞어 균일한 상태로 만들어주세요.

5 8발 별깍지를 낀 짤주머니에 4의 반죽을 담고, 테프론 시트 위에 반죽을 원하는 모양으로 짜주세요.

참고 … 8발 별깍지 27쪽

6 예열한 에어프라이어에 150℃로 15분, 뒤집어서 10분 구워주세요.

참고 … 앞면과 뒷면 모두 구움색이 날 정도로 충분히 구워줍니다. 반죽 크기에 따라 굽는 시간이 달라지므로 상태를 확인하면서 조절합니다.

 160℃ / 25분

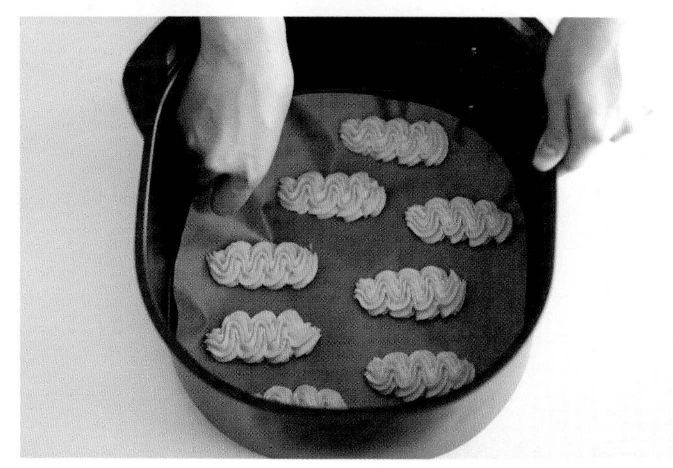

Note

- 너무 많은 양을 짤주머니에 넣고 짜면 손에 힘이 많이 들어가고 예쁜 모양을 내기도 어려워요. 반죽을 3번 정도 나눠서 넣고 짜주세요. 짤주머니에 남은 반죽은 전부 짜내고 새로 반죽을 넣어야 깔끔하게 짤 수 있습니다.
- **보관** : 구운 쿠키는 완전히 식혀서 밀폐용기에 방습제와 함께 넣고 서늘한 실온에 보관합니다. 일주일 정도 실온에 두고 먹을 수 있으며, 더 오래 두고 먹으려면 냉동 보관합니다.

말차 비에누아

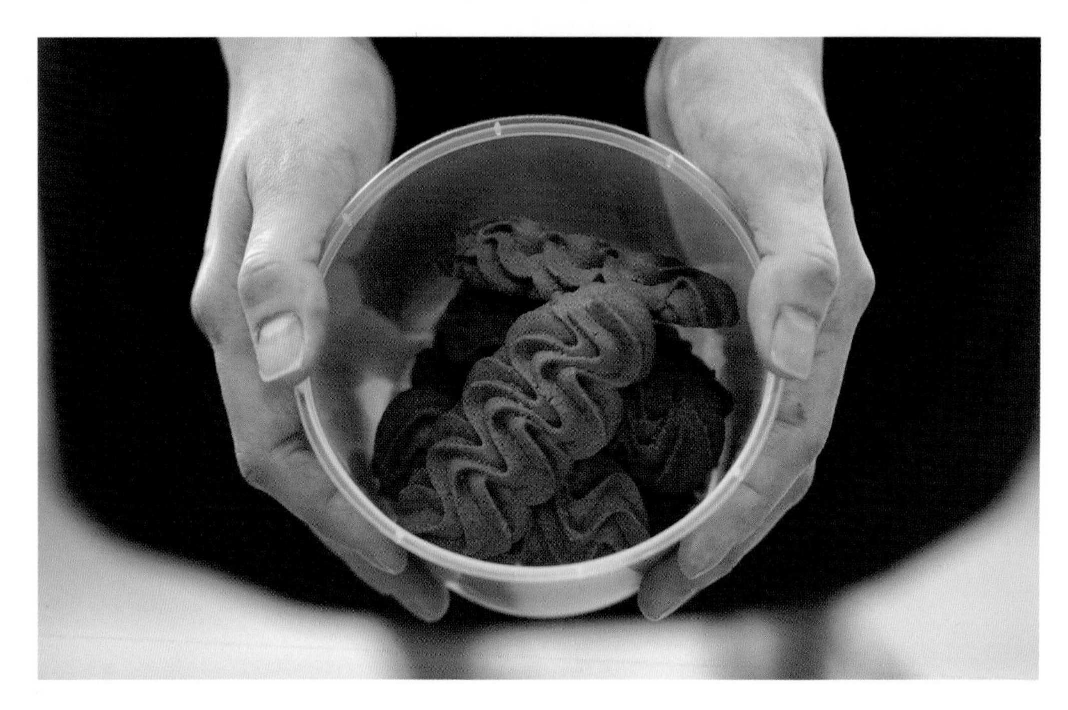

 Air fryer

150℃ / 15분 → 뒤집어서 → 10분

 Oven

160℃ / 25분

재료 10개 분량

버터 70g
슈거파우더 33g
달걀흰자 12g
박력분 65g
옥수수 전분 10g
말차가루 6g
바닐라 엑스트랙 2g
소금 1꼬집

미리 준비하기

- 모든 재료는 차갑지 않게 실온에 둡니다.
- 박력분과 옥수수 전분, 말차가루를 함께 계량하고 한 번 체로 쳐서 준비합니다.

만드는 법

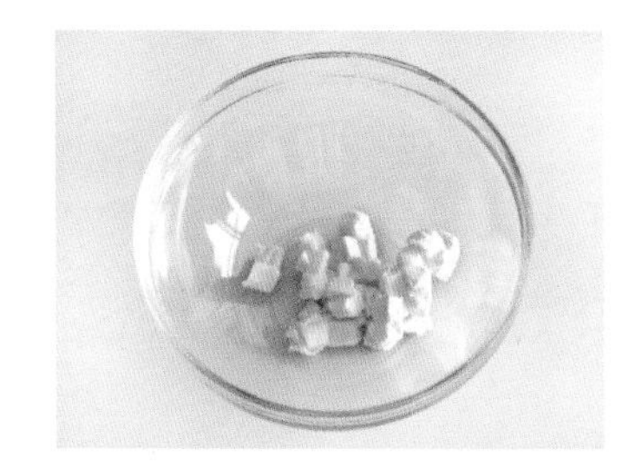

1 실온 상태의 부드러운 버터를 손거품기로 풀어주세요.

2 1에 슈거파우더, 소금을 넣고 전체적으로 부드러운 크림 상태가 될 때까지 손거품기로 가볍게 섞어주세요.

3 2에 실온 상태의 달걀흰자와 바닐라 엑스트랙을 2번에 나눠 넣어가면서 손거품기로 고루 섞어주세요.

4 3에 체로 친 박력분과 옥수수 전분, 말차가루를 넣고 주걱을 세워 자르듯이 가볍게 섞어 균일한 상태로 만들어주세요.

5 8발 별깍지를 낀 짤주머니에 반죽을 넣고 유산지 위에 원하는 모양으로 짜주세요.

참고 … 8발 별깍지 27쪽

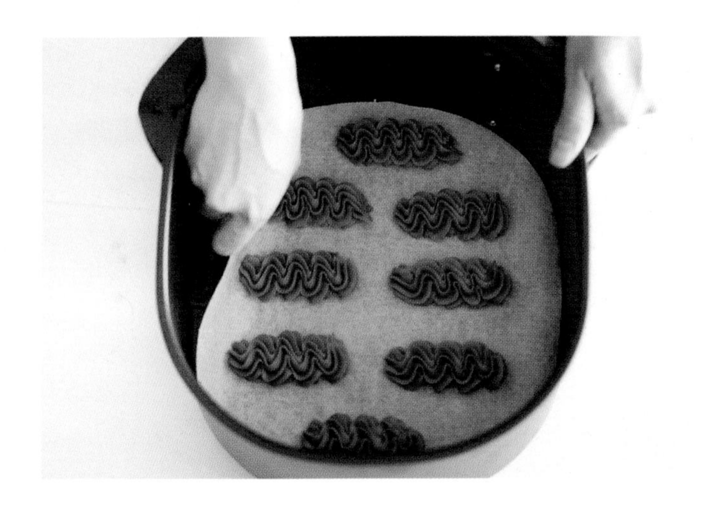

6 예열한 에어프라이어에 150℃로 15분, 뒤집어서 10분 구워주세요.

참고 … 앞면과 뒷면 모두 구움색이 날 정도로 충분히 구워줍니다. 반죽 크기에 따라 굽는 시간이 달라지므로 상태를 확인하면서 조절합니다.

160℃ / 25분

Note

- 너무 많은 양을 짤주머니에 넣고 짜면 손에 힘이 많이 들어가고 예쁜 모양을 내기도 어려워요. 반죽을 3번 정도 나눠서 넣고 짜주세요. 짤주머니에 남은 반죽은 전부 짜내고 새로 반죽을 넣어야 깔끔하게 짤 수 있습니다.
- **보관** : 구운 쿠키는 완전히 식혀서 밀폐용기에 방습제와 함께 넣고 서늘한 실온에 보관합니다. 일주일 정도 실온에 두고 먹을 수 있으며, 더 오래 두고 먹으려면 냉동 보관합니다.

초코 비에누아

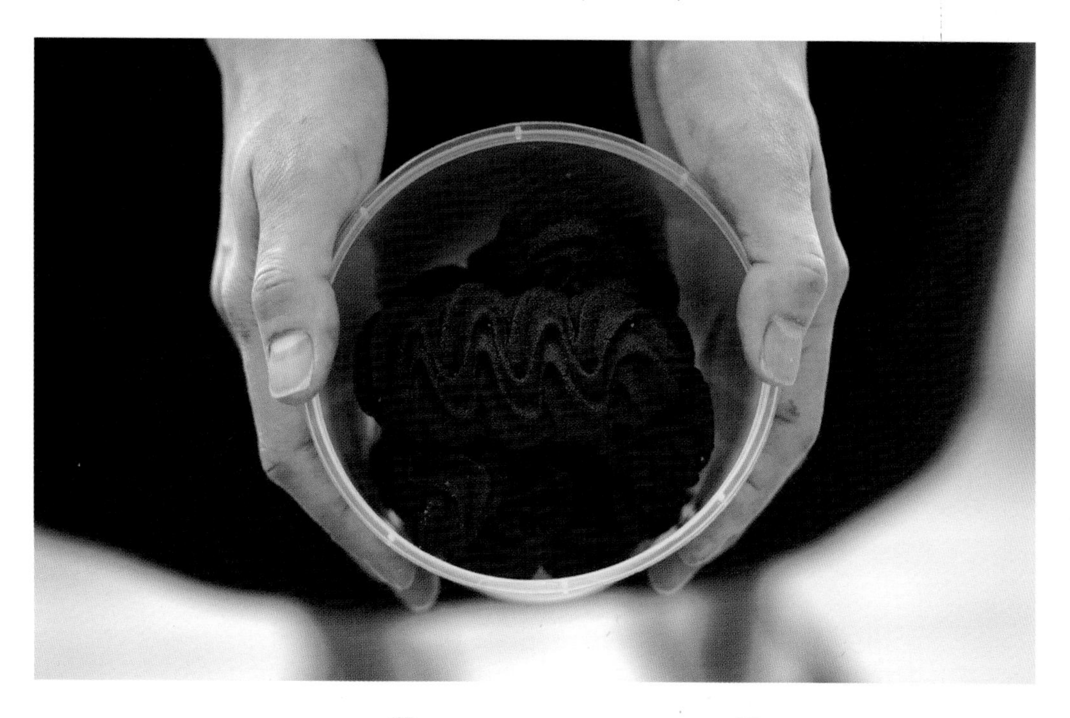

 Air fryer

150℃ / 15분 → 뒤집어서 → 10분

 Oven

160℃ / 25분

재료 10개 분량

버터 70g
슈거파우더 33g
달걀흰자 12g
박력분 63g
옥수수 전분 10g
코코아 파우더 8g
바닐라 엑스트랙 2g
소금 1꼬집

미리 준비하기

- 모든 재료는 차갑지 않게 실온에 둡니다.
- 박력분과 옥수수 전분, 코코아 파우더를 함께 계량하고 한 번 체로 쳐서 준비합니다.

만드는 법

1 실온 상태의 부드러운 버터를 손거품기로 부드럽게 풀어주세요.

2 1에 슈거파우더, 소금을 넣고 전체적으로 부드러운 크림 상태가 될 때까지 손거품기로 가볍게 섞어주세요.

3 2에 실온 상태의 차갑지 않은 달걀흰자와 바닐라 엑스트랙을 2번에 나눠서 넣어가며 손거품기로 고루 섞어주세요.

4 3에 체로 친 박력분과 옥수수 전분, 코코아 파우더를 넣고 주걱을 세워 자르듯이 가볍게 섞어 균일한 상태로 만들어주세요.

5 8발 별깍지를 낀 짤주머니에 반죽을 담고 유산지 위에 원하는 모양으로 짜주세요.

6 예열한 에어프라이어에 150℃로 15분, 뒤집어서 10분 구워주세요.

참고 … 앞면과 뒷면 모두 구움색이 날 정도로 충분히 구워줍니다. 반죽 크기에 따라 굽는 시간이 달라지므로 상태를 확인하면서 조절합니다.

 160℃ / 25분

Note

- 너무 많은 양을 짤주머니에 넣고 짜면 손에 힘이 많이 들어가고 예쁜 모양을 내기도 어려워요. 반죽을 3번 정도 나눠서 넣고 짜주세요. 짤주머니에 남은 반죽은 전부 짜내고 새로 반죽을 넣어야 깔끔하게 짤 수 있습니다.
- **보관** : 구운 쿠키는 완전히 식혀서 밀폐용기에 방습제와 함께 넣고 서늘한 실온에 보관합니다. 일주일 정도 실온에 두고 먹을 수 있으며, 더 오래 두고 먹으려면 냉동 보관합니다.

스노볼 쿠키 3가지 맛

겉에 슈거파우더가 묻은 동그란 모양이 눈덩이를 닮아 '스노볼'이라고 부릅니다. 프랑스어로는 '부르 드 네쥬(Boule de neige)'라고 합니다. 반죽에 달걀을 넣지 않아 입속에서 가볍게 바스라지는 식감이 매력적인 쿠키예요. 만들기 쉬우면서 예쁘고 맛도 있어서 통에 담아 선물하기에 제격입니다. 겉에 묻히는 가루에 따라 다양한 맛으로 응용해보세요.

인절미 스노볼

Air fryer

160℃ / 15분 → 뒤집어서 → 10분

Oven

160℃ / 20분

재료 42개 분량

반죽

버터 100g
슈거파우더 32g
박력분 140g
아몬드 파우더 40g
아몬드 슬라이스 30g
소금 2g

마무리

콩가루 40g
슈거파우더 60g

미리 준비하기

- 모든 재료는 차갑지 않게 실온에 둡니다.
- 박력분과 아몬드 파우더는 함께 계량하고 한 번 체로 쳐서 준비합니다.
- 아몬드 슬라이스는 마른 팬에 볶거나 에어프라이어에 170℃로 5분 정도 노릇하게 구워서 가볍게 손으로 부숩니다.
- 마무리용 콩가루와 슈거파우더는 함께 계량하고 한 번 체로 쳐서 준비합니다.

만드는 법

1 실온 상태의 부드러운 버터를 볼에 담고 핸드믹서로 풀어주세요.

참고 … 핸드믹서 대신 손거품기를 사용해도 됩니다. 편한 대로 사용하세요.

2 1에 소금, 슈거파우더를 넣고 고루 섞일 때까지 핸드믹서로 저속 휘핑해주세요.

참고 … 너무 많이 섞으면 구울 때 반죽이 많이 퍼지게 되니 1분 정도 짧게 휘핑해주세요.

3 2의 가루가 보이지 않고 버터 색이 약간 밝아지면 체로 친 아몬드 파우더와 박력분을 넣어주세요.

4 주걱을 세워서 가볍게 반죽을 섞어주세요. 가루가 아주 살짝 남아 있는 정도까지 섞어줍니다.

5 4에 아몬드 슬라이스를 넣고 주걱으로 가볍게 섞어 반죽을 한 덩어리로 만들어주세요.

참고 … 아몬드 슬라이스가 크면 손으로 빚기 쉽지 않으니 미리 잘게 만들어둡니다.

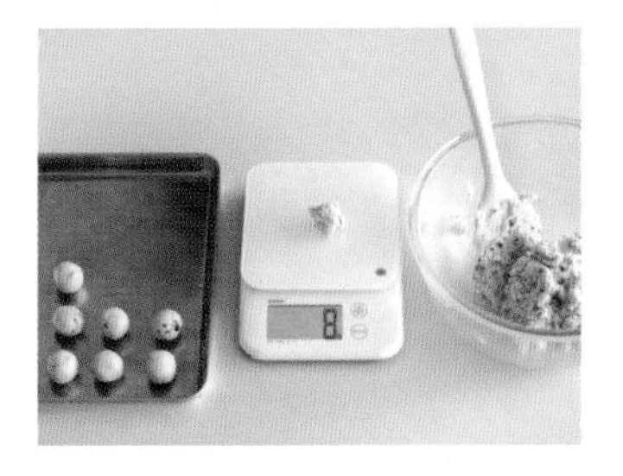

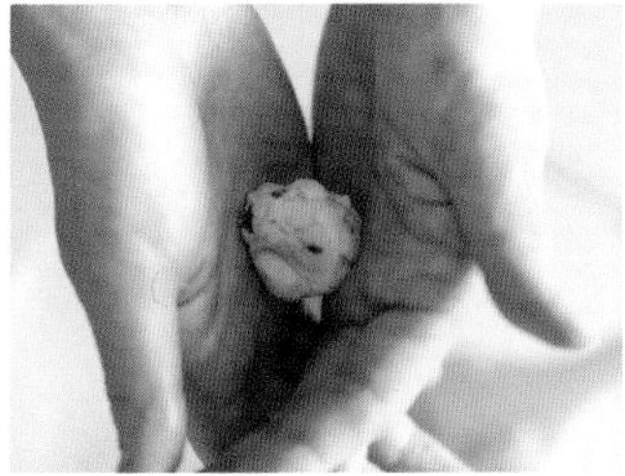

6 반죽을 8g씩 나눠 손으로 둥글게 빚어주세요.

7 예열한 에어프라이어에 160℃로 15분, 뒤집어서 10분 구워주세요.

160℃ / 20분

8 구운 쿠키를 한 김 식힌 다음 손으로 만질 수 있을 정도로 따뜻할 때 콩가루와 슈거파우더를 듬뿍 묻히고 털어냅니다.

9 쿠키가 완전히 식으면 한 번 더 콩가루와 슈거파우더를 듬뿍 묻히고 털어냅니다.

Note

- 쿠키가 완전히 식으면 가루가 잘 붙지 않아요. 따뜻할 때 가루를 묻혀야 쿠키의 온기에 코팅되면서 잘 붙습니다.
- 인절미, 딸기, 요거트 외에 말차가루나 코코아 파우더, 흑임자 가루, 시나몬 파우더 등을 슈거파우더와 섞어서 묻혀도 맛있습니다.
- **보관** : 구운 쿠키는 완전히 식혀서 밀폐용기에 방습제와 함께 넣고 서늘한 실온에 보관합니다. 일주일 정도 실온에 두고 먹을 수 있으며, 더 오래 두고 먹으려면 냉동 보관합니다.

딸기 스노볼

Air fryer

160℃ / 15분 → 뒤집어서 → 10분

Oven

160℃ / 20분

재료 42개 분량

반죽
버터 100g
슈거파우더 32g
박력분 140g
아몬드 파우더 40g
아몬드 슬라이스 30g
소금 2g

마무리
동결 건조 딸기 분말 50g
슈거파우더 50g

미리 준비하기

- 모든 재료는 차갑지 않게 실온에 둡니다.
- 박력분과 아몬드 파우더는 함께 계량하고 한 번 체로 쳐서 준비합니다.
- 아몬드 슬라이스는 미리 마른 팬에 볶거나 에어프라이어에 170℃로 5분 정도 노릇하게 구워서 가볍게 손으로 부숴줍니다.
- 딸기 분말과 마무리용 슈거파우더는 함께 계량하고 한 번 체로 쳐서 준비합니다.

만드는 법

1 58~59쪽을 참고해 1~7 과정을 반복합니다.

2 구운 쿠키는 한 김 식힌 다음 손으로 만질 수 있을 정도로 따뜻할 때 딸기 분말과 슈거파우더를 듬뿍 묻히고 털어냅니다.

3 쿠키가 완전히 식으면 한 번 더 딸기 분말과 슈거파우더를 듬뿍 묻히고 털어냅니다.

Note

- 딸기 분말은 동결 건조하여 곱게 분쇄한 것으로 인터넷에서 구입할 수 있습니다.

요거트 스노볼

 Air fryer

160℃ / 15분 → 뒤집어서 → 10분

 Oven

160℃ / 20분

재료 42개 분량

반죽

버터 100g
슈거파우더 32g
박력분 140g
아몬드 파우더 40g
아몬드 슬라이스 30g
소금 2g

마무리

요거트 파우더 60g
슈거파우더 40g

미리 준비하기

- 모든 재료는 차갑지 않게 실온에 둡니다.
- 박력분과 아몬드 파우더를 함께 계량하고 한 번 체로 쳐서 준비합니다.
- 아몬드 슬라이스는 미리 마른 팬에 볶거나 에어프라이어에 170℃로 5분 정도 노릇하게 구워서 가볍게 손으로 부숴줍니다.
- 요거트 파우더와 마무리용 슈거파우더는 함께 계량하고 한 번 체로 쳐서 준비합니다.

만드는 법

1 58~59쪽을 참고해 1~7 과정을 반복합니다.

2 구운 쿠키는 한 김 식힌 다음 손으로 만질 수 있을 정도로 따뜻할 때 요거트 파우더와 슈거파우더를 듬뿍 묻히고 털어냅니다.

3 쿠키가 완전히 식으면 한 번 더 요거트 파우더와 슈거파우더를 듬뿍 묻히고 털어냅니다.

Note

- 요거트 파우더는 음료용 '투썸 플레이스' 요거트 파우더를 사용했습니다.

M&M 초코 쿠키

아이들에게 인기 만점인 초코 쿠키예요. 반죽에 녹인 다크 커버추어 초콜릿이 들어가 무척 촉촉하고 진하답니다. 많이 달지 않아서 아이들뿐 아니라 어른들도 좋아할 거예요. 갓 구워 말랑말랑할 때 나무 막대를 꽂아 스틱 쿠키로도 즐길 수 있어요.

Air fryer
160℃ / 12분

Oven
180℃ / 8분

재료 지름 6cm 7개 분량

버터 50g
머스코바도 28g
백설탕 15g
물엿 22g
다크 커버추어
(카카오 55%) 초콜릿 30g
소금 1g
달걀 40g
중력분 78g
코코아 파우더 21g
베이킹파우더 2g
M&M 초콜릿 적당량

미리 준비하기

- 모든 재료는 차갑지 않게 실온에 둡니다.
- 중력분과 코코아 파우더, 베이킹파우더를 함께 계량하고 한 번 체로 쳐서 준비합니다.
- 머스코바도는 비정제 황설탕으로 특유의 감칠맛과 풍미가 있습니다. 일반 황설탕으로 대체해도 됩니다.

만드는 법

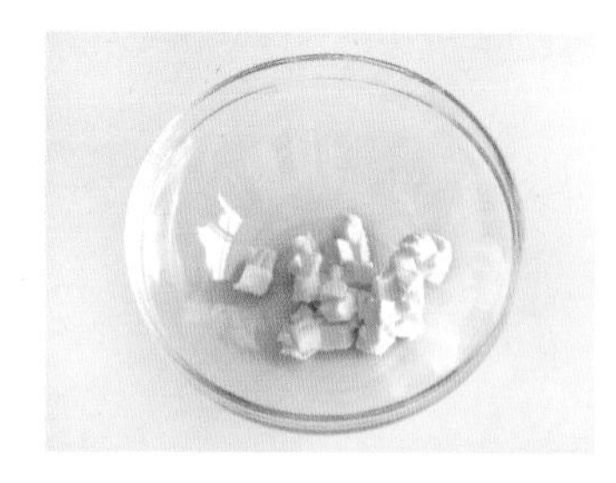

1 실온 상태의 부드러운 버터를 볼에 넣고 핸드믹서로 충분히 풀어주세요.

2 1에 머스코바도, 백설탕, 소금을 넣고 저속으로 색이 밝아질 때까지 1~2분 휘핑합니다.

3 2에 실온 상태의 달걀을 5~6번에 나눠 조금씩 넣어가며 핸드믹서로 충분히 섞어주세요.

참고 … 먼저 넣은 달걀이 반죽에 완전히 섞이고 나서 달걀을 추가로 넣어야 반죽이 분리되지 않아요.

4 다크 커버추어 초콜릿을 볼에 담아 전자레인지에 20~30초씩 짧게 작동하면서 녹여주세요.

참고 … 초콜릿을 전자레인지에 오래 돌리면 부분적으로 탈 수 있으니 짧게 작동하면서 확인합니다.

5 녹인 초콜릿에 물엿을 넣고 잘 섞어주세요.

6 3의 반죽에 5의 초콜릿을 넣고 핸드믹서로 골고루 잘 섞어주세요.

참고 … 초콜릿의 온도가 너무 높으면 버터가 녹아서 반죽을 망칠 수 있습니다. 초콜릿과 물엿을 담은 볼을 만져봤을 때 온기가 전혀 없을 정도로 미지근하게 식혀서 반죽에 넣어주세요.

7 체로 친 중력분, 코코아 파우더, 베이킹파우더를 넣고 주걱을 세워 가볍게 섞어주세요.

8 7의 반죽을 쿠키스쿱 또는 손으로 둥글게 만들어 테프론 시트 위에 올리고 윗면을 살짝 눌러주세요.

9 M&M 초콜릿을 쿠키마다 4~5개씩 올려주세요.

10 예열한 에어프라이어에 160℃로 12분 구워주세요.

참고 … 반죽을 구우면 부풀어 오르니 간격을 충분히 띄웁니다.

180℃ / 8분

Note

- 쿠키를 구운 직후에는 매우 부드러워요. 덜 익은 것이 아니니 완전히 식힌 다음 들어서 옮겨주세요.
- **보관** : 완전히 식힌 쿠키를 밀봉하면 서늘한 실온에 4~5일 보관 가능합니다. 더 오래 두고 먹으려면 냉동 보관합니다.

피넛버터 쿠키

땅콩버터를 듬뿍 넣어 고소한 풍미가 일품인 쿠키입니다. 밀가루가 적게 들어가 입안에서 사르르 녹는 부드러운 식감이에요. 짭짤하고 고소해서 하나로는 부족하고 계속 손이 간답니다. 냉장고에 처치 곤란인 땅콩버터가 있다면 적극 활용해보세요.

재료 지름 8cm 4개 분량

땅콩버터 50g
버터 30g
백설탕 35g
달걀 10g
중력분 32g
베이킹소다 1g
소금 1꼬집
땅콩 분태 약간

미리 준비하기

- 모든 재료는 차갑지 않게 실온에 둡니다.
- 중력분과 베이킹소다는 함께 계량하고 한 번 체로 쳐서 준비합니다.

만드는 법

1 실온 상태의 부드러운 버터와 땅콩버터를 볼에 담고 핸드믹서로 잘 풀어주세요.

2 1에 백설탕, 소금을 넣고 저속으로 1분 정도 섞어 크림 상태로 만들어주세요.

3 2에 달걀을 2번에 나눠서 넣어 가며 완전히 섞일 때까지 핸드믹서로 저속 휘핑해주세요.

4 3에 체로 친 중력분과 베이킹소다를 넣고 주걱을 세워 가볍게 섞어주세요.

5 4의 반죽을 지름 5cm 쿠키스쿱으로 팬닝하고, 손으로 살짝 눌러서 1.5cm 두께로 만든 다음 땅콩 분태를 토핑으로 올려주세요.

참고 … 팬닝은 '틀에 반죽을 붓는다, 채운다'는 뜻입니다.

6 예열한 에어프라이어에 160℃로 15분 구워주세요.

참고 … 반죽을 구우면 부풀어 오르니 간격을 충분히 띄웁니다.

170℃ / 12분

Note

- 쿠키를 구운 직후에는 매우 부드러워요. 덜 익은 것이 아니니 완전히 식힌 다음 들어서 옮겨주세요.
- 리고 크리미(Ligo Creamy) 땅콩버터를 사용했어요.
- **보관** : 완전히 식힌 쿠키를 밀봉하면 서늘한 실온에 4~5일 보관 가능합니다. 더 오래 두고 먹으려면 냉동 보관합니다.

파르메산 아몬드 비스코티

비스코티는 이탈리아어로 '두 번 굽다'는 뜻으로 단단하면서 담백하고 고소한 과자입니다. 치즈를 좋아하는 사람이라면 짭조름하고 고소한 비스코티를 만들어보세요. 맥주 안주로도 좋아요.

 Air fryer

① 180℃ / 15분 → 뒤집어서 → 15분
② 160℃ / 10분 → 다시 뒤집어서 → 10분

 Oven

① 170℃ / 25분
② 160℃ / 20분

재료 10~12개 분량

박력분 100g
설탕 15g
달걀 55g
포도씨유 20g
소금 1g
베이킹파우더 1g
통아몬드 40g
후춧가루 1g
파르메산 치즈 35g

미리 준비하기

- 모든 재료는 차갑지 않게 실온에 둡니다.
- 박력분과 베이킹파우더는 함께 계량하고 한 번 체로 쳐서 준비합니다.
- 통아몬드는 미리 에어프라이어에 170℃로 10분 바삭하게 구워서 식힙니다.

만드는 법

1 볼에 달걀을 풀고 설탕과 소금, 포도씨유를 넣고 손거품기로 잘 섞어주세요.

2 1에 파르메산 치즈와 후춧가루를 넣고 손거품기로 잘 섞어주세요.

참고 … 파르메산 치즈는 가루 형태로 파는 것보다 덩어리를 갈아서 사용하는 것이 훨씬 더 맛있어요. 후춧가루는 통후추를 그라인더로 굵게 갈아서 사용합니다.

3 2에 체로 친 박력분과 베이킹파우더를 넣고 가루가 거의 보이지 않을 정도로 주걱을 세워 가볍게 섞어주세요.

4 3에 통아몬드를 넣고 한 덩어리가 될 때까지 주걱으로 가볍게 섞어주세요.

5 반죽을 테프론 시트 위에 올리고 납작한 직사각형 모양으로 만들어주세요.

6 예열한 에어프라이어에 180℃로 15분, 뒤집어서 15분 구워주세요.

7 미지근할 때까지 식힌 다음 빵칼이나 잘 드는 칼로 1cm 두께로 잘라주세요.

8 예열한 에어프라이어에 160℃로 10분, 다시 뒤집어서 10분 구워주세요.

Note

- 손에 기름을 살짝 묻히면 반죽이 들러붙지 않아 모양을 잡기 쉬워요.
- 비스코티는 10~15분 식힌 다음 온기가 살짝 남아 있는 상태에서 썰어야 덜 부서집니다.
- **보관** : 비스코티는 수분이 적기 때문에 비교적 오래 보관할 수 있습니다. 습한 계절을 제외하면 방습제와 함께 밀폐용기에 담아 서늘한 상온에 열흘 정도 두고 먹을 수 있습니다. 더 오래 두고 먹으려면 냉동 보관합니다.

COSTA NOVA

초코 헤이즐넛 비스코티

이탈리아의 오리지널 비스코티는 오일이나 버터가 들어가지 않아 단단한 비스킷이에요. 여기서는 버터를 넣어 더 가볍고 경쾌하게 부서지는 비스코티를 만들어봤어요. 진한 초코와 고소한 헤이즐넛의 궁합이 좋아 티타임에 잘 어울린답니다.

Air fryer

① 180℃ / 15분 → 뒤집어서 → 15분
② 160℃ / 10분 → 다시 뒤집어서 → 10분

Oven

① 170℃ / 25분
② 160℃ / 20분

재료 10~12개 분량

박력분 100g
코코아 파우더 12g
설탕 80g
달걀 43g
버터 50g
소금 1g
베이킹파우더 2g
헤이즐넛 50g
초코칩 50g

미리 준비하기

- 모든 재료는 차갑지 않게 실온에 둡니다.
- 헤이즐넛은 에어프라이어에 170℃로 10분 바삭하게 구운 다음 식혀 둡니다.
- 박력분, 코코아 파우더, 베이킹파우더는 함께 계량하고 한 번 체루 쳐서 준비합니다.

만드는 법

1 실온 상태의 부드러운 버터를 볼에 담고 손거품기로 잘 풀어주세요.

2 1의 버터에 설탕, 소금을 넣고 크림 상태가 될 때까지 손거품기로 잘 섞어주세요.

3 2에 달걀을 2~3번 나눠서 넣으며 잘 어우러질 때까지 손거품기로 충분히 잘 섞어주세요.

참고 … 버터에 비해 달걀이 많아서 약간 분리될 수 있지만 다음 단계에서 많은 양의 가루를 넣으면 분리된 수분이 흡수됩니다.

4 3에 체로 친 박력분과 코코아 파우더, 베이킹파우더를 넣고 주걱을 세워 가루가 거의 보이지 않을 때까지 섞어주세요.

5 4에 헤이즐넛과 초코칩을 넣고 한 덩어리가 될 때까지 주걱으로 가볍게 섞어주세요.

6 반죽을 테프론 시트 위에 올리고 납작한 직사각형 모양으로 만들어주세요.

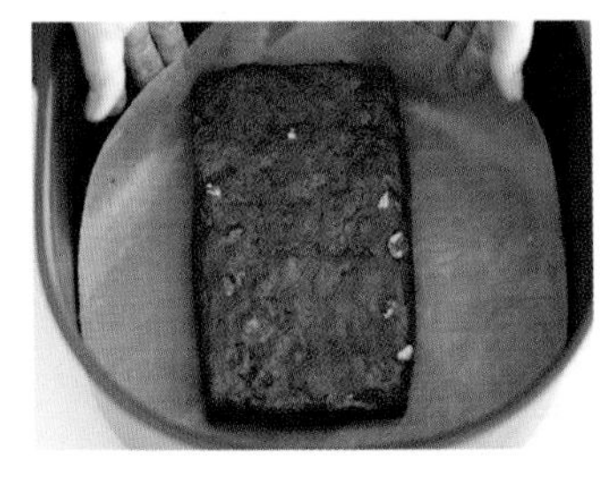

7 예열한 에어프라이어에 180℃로 15분, 뒤집어서 15분 구워주세요.

170℃ / 25분

8 온기가 살짝 남은 정도까지 식으면 빵칼이나 잘 드는 칼로 1cm 두께로 잘라주세요.

9 8을 예열한 에어프라이어에 160℃로 10분, 다시 뒤집어서 10분 구워주세요.

160℃ / 20분

Note

- 손에 기름을 살짝 묻히면 반죽이 들러붙지 않아 모양을 잡기 쉬워요.
- 비스코티는 10~15분 식힌 다음 온기가 살짝 남아 있는 상태에서 썰어야 덜 부서집니다.
- **보관** : 비스코티는 수분이 적기 때문에 비교적 오래 보관할 수 있습니다. 습한 계절을 제외하면 방습제와 함께 밀폐용기에 담아 서늘한 상온에 열흘 정도 두고 먹을 수 있습니다. 더 오래 두고 먹으려면 냉동 보관합니다.

통밀 레이즌 비스코티

버터를 사용하지 않고, 몸에 좋은 재료가 듬뿍 들어간 건강한 비스코티입니다. 꼭꼭 씹을수록 고소한 맛과 은은한 단맛이 올라와서 더욱 맛있답니다.

Air fryer

① 180℃ / 15분 → 뒤집어서 → 15분
② 160℃ / 10분 → 다시 뒤집어서 → 10분

Oven

① 170℃ / 25분
② 160℃ / 20분

재료 10~12개 분량

통밀가루 110g
머스코바도 40g
꿀 20g
달걀 40g
포도씨유 30g
소금 1g
베이킹파우더 1g
레이즌(건포도) 25g
오트밀 15g
피칸 30g

미리 준비하기

- 모든 재료는 차갑지 않게 실온에 둡니다.
- 통밀가루와 베이킹파우더를 함께 계량하고 한 번 체로 쳐서 준비합니다.
- 피칸은 에어프라이어에 170℃로 10분 바삭하게 구워서 식힙니다.
- 머스코바도는 비정제 황설탕으로 특유의 감칠맛과 풍미가 있어 통밀가루와 잘 어울립니다. 일반 황설탕으로 대체해도 됩니다.

만드는 법

1 볼에 달걀을 풀고 머스코바도와 꿀, 소금, 포도씨유를 넣고 손거품기로 잘 섞어주세요.

2 1에 체로 친 통밀가루와 베이킹파우더를 넣고 주걱을 세워 가루가 약간 남을 정도로 가볍게 섞어주세요.

3 2에 레이즌(건포도), 오트밀, 피칸을 넣고 주걱을 세워 가볍게 한 덩어리가 될 정도로 섞어주세요.

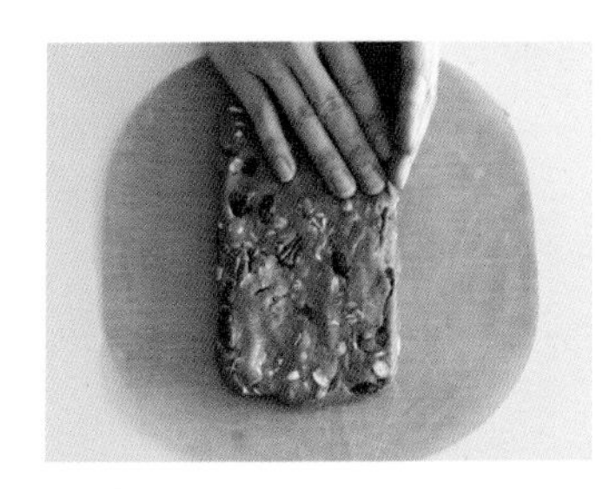

4 3의 반죽을 테프론 시트 위에 올리고 손으로 납작한 직사각형 모양으로 만들어주세요.

5 예열한 에어프라이어에 180℃로 15분, 뒤집어서 15분 구워주세요.

6 구운 비스코티를 살짝 온기가 남은 정도로 식힌 다음 1cm 두께로 얇게 잘라주세요.

7 예열한 에어프라이어에 160℃로 10분, 다시 뒤집어서 10분 구워주세요.

Note

- 손에 기름을 살짝 묻히면 반죽이 들러붙지 않아 모양을 잡기 쉬워요.
- 비스코티는 10~15분 식힌 다음 온기가 살짝 남아 있는 상태에서 썰어야 덜 부서집니다.
- **보관** : 비스코티는 수분이 적기 때문에 비교적 오래 보관할 수 있습니다. 습한 계절을 제외하면 방습제와 함께 밀폐용기에 담아 서늘한 상온에 열흘 정도 두고 먹을 수 있습니다. 더 오래 두고 먹으려면 냉동 보관합니다.

벚꽃 딸기 머랭 쿠키

천연 딸기 가루를 넣어 은은한 핑크색과 딸기맛을 낸 머랭 쿠키예요. 블루베리나 라즈베리 등 다른 동결 건조 분말을 넣어도 됩니다.

100℃ / 90분

100℃ / 90분

재료 40개 분량

달걀흰자 35g
설탕 35g
레몬즙 1g
동결 건조 딸기 분말 8g

미리 준비하기

- 달걀흰자는 차가운 것으로 사용합니다.
- 짤주머니에 벚꽃깍지(510호)를 끼워두세요.
- 볼과 휘퍼에 물기나 기름기가 묻어 있지 않도록 깨끗이 닦아둡니다.

만드는 법

1 차가운 달걀흰자에 설탕을 3번 나눠 넣어가며 단단한 머랭을 만들어주세요.

참고 … 핸드믹서의 날을 천천히 수직으로 들어 올렸을 때 길게 처지지 않고 짧고 뾰족한 뿔이 만들어지면 단단하게 휘핑된 것입니다.

2 1에 레몬즙을 넣고 잘 섞일 정도로 짧게 저속 휘핑해주세요.

3 2에 딸기 분말을 넣고 주걱을 세워 가볍게 섞어주세요.

4 3의 머랭을 짤주머니에 담아 테프론 시트 위에 벚꽃 모양으로 파이핑을 해주세요.

참고 … 짤주머니에 반죽을 넣고 짜내는 것을 파이핑이라 합니다.

5 예열한 에어프라이어에 100℃로 90분 구워주세요.

참고 … 머랭 쿠키를 식혀서 잘라보았을 때 속이 진득거리지 않고 부서지면 완전히 익은 겁니다.

100℃ / 90분

Note

- 머랭 쿠키는 낮은 온도에서 오랫동안 말리듯이 구워 수분을 충분히 날려주세요.
- 머랭 쿠키처럼 가벼운 과자를 에어프라이어에 구우면 바닥에 깐 종이호일이나 테프론 시트가 열풍에 날려 뒤집힐 수 있어요. 반드시 작은 자석으로 고정해주세요.
- 딸기 분말의 양은 기호에 따라 5~15g까지 조절할 수 있어요. 단, 너무 많이 넣으면 머랭이 부스러질 수 있으니 주의합니다.

- **보관** : 머랭 쿠키는 덥고 습한 계절을 제외하고는 비교적 오래 보관할 수 있습니다. 완전히 식힌 다음 밀폐용기에 방습제와 함께 넣어 서늘한 상온에 2주일 정도 두고 먹을 수 있습니다. 냉동했다가 해동하면 눅눅해지니 냉동 보관은 하지 않습니다.

Part **2.**

하나만 먹어도 든든한

스콘, 머핀, 파운드 케이크

구하기 쉬운 재료로 간단하게 만들 수 있는 스콘, 머핀, 파운드 케이크는 홈베이커들에게 가장 사랑받는 구움과자입니다. 하지만 만드는 과정에서 지켜야 할 몇 가지 포인트를 놓치면 의외로 성공하기 힘든 구움과자이기도 해요. 초보자도 쉽게 만들 수 있는 레시피를 자세히 담았습니다. 에어프라이어로 도전해 보세요.

플레인 스콘

영국의 대표적인 구움과자인 스콘은 잼이나 크림 등을 발라서 홍차에 곁들여 먹어요. 전통적인 스콘 레시피에서 변형을 주어 퍽퍽하지 않고 잼이나 크림 없이도 맛있게 만들 수 있는 스콘이에요. 윗면에 솔솔 뿌린 터비나도가 씹는 맛을 더해주어 더욱 맛있답니다.

Air fryer

180℃ / 15분 → 뒤집어서 → 10분

Oven

180℃ / 20분

재료 6개 분량

박력분 200g
버터 100g
베이킹파우더 4g
설탕 40g
소금 2g
생크림 110g
바닐라 엑스트랙 2g
터비나도 약간
달걀물 약간

미리 준비하기

- 만들기 직전까지 모든 재료는 냉장고에 차갑게 둡니다.
- 버터는 1cm x 1cm 정육면체 모양으로 썰어두세요.
- 박력분과 베이킹파우더, 설탕, 소금은 함께 계량하고 한 번 체로 쳐서 준비합니다.
- 터비나도는 비정제 설탕으로 입자가 굵고 오븐 속에서 열을 받아도 녹지 않아 씹는 맛이 있습니다. 없으면 생략해도 됩니다.
- 스콘 윗면에 바르는 '달걀물'이란 달걀흰자와 노른자를 섞은 것으로 구웠을 때 예쁜 색을 내기 위한 것입니다.

만드는 법

1 체로 친 박력분, 베이킹파우더, 설탕, 소금을 작업대에 놓고 스크래퍼로 골고루 섞어주세요.

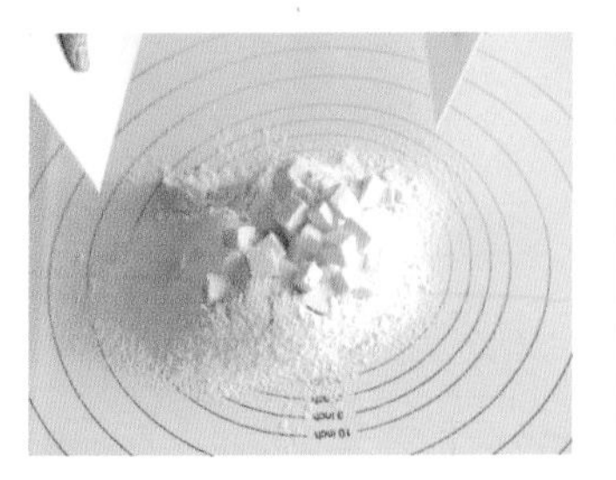

2 정육면체 모양으로 썬 차가운 버터를 1에 넣고 스크래퍼로 쌀알 크기가 될 정도로 다져주세요.

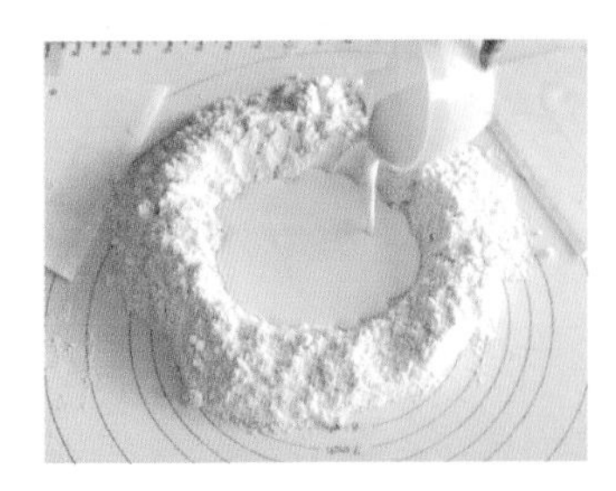

3 차가운 생크림과 바닐라 엑스트랙을 2에 넣고 스크래퍼로 자르듯이 섞어주세요.

참고 … 푸드프로세서를 이용해 반죽을 섞으면 더욱 편리합니다. 푸드프로세서를 3초씩 끊어가면서 작동하고, 반죽이 뭉치기 시작하면 꺼내서 다음 과정을 계속 진행합니다.

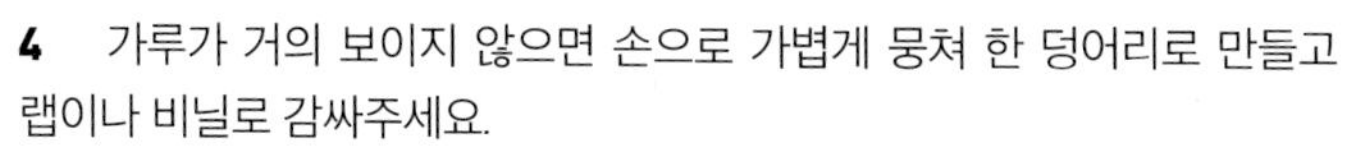

4 가루가 거의 보이지 않으면 손으로 가볍게 뭉쳐 한 덩어리로 만들고 랩이나 비닐로 감싸주세요.

5 밀대를 이용해 반죽을 두께 2cm 정도의 둥글납작한 모양으로 만들고, 반죽이 단단해질 때까지 냉장고에 30분~1시간 휴지시킵니다.

6 단단해진 반죽을 칼이나 스크래퍼로 6등분을 해주세요.

7 윗면에 달걀물을 바르고, 터비나도를 솔솔 뿌려주세요.

참고 … 터비나도 17쪽

8 예열한 에어프라이어에 180℃로 15분 굽고, 뒤집어서 10분 구워주세요.

참고 … 스콘이 구워지면서 부풀어 오르는 것을 감안해 간격을 충분히 띄웁니다.

180℃ / 20분

Note

- 구운 스콘은 한 김 식혀서 따뜻할 때 먹어야 가장 맛있어요.
- **보관** : 완전히 식혀서 공기가 잘 통하는 곳에 보관하면 다음 날까지 맛있게 먹을 수 있어요. 그 이상 보관하려면 쿠킹호일이나 랩 등으로 개별 포장해서 냉동 보관합니다. 살짝 해동해서 에어프라이어에 180℃로 5분 정도 데워 먹으면 갓 구운 것처럼 바삭합니다.

통밀 호두 스콘

호두와 통밀로 만들어서 고소하고 담백하며, 아침에 먹어도 속이 부담스럽지 않고 편해요. 반죽에 들어가는 우유와 생크림을 두유로 바꾸면 담백한 맛이 더욱 살아납니다.

Air fryer

180℃ / 15분 → 뒤집어서 → 10분

Oven

180℃ / 20분

재료 6개 분량

박력분 113g
통밀가루 113g
베이킹파우더 8g
머스코바도 45g
포도씨유 61g
우유 31g
생크림 31g
호두 분태 55g
소금 1g

미리 준비하기

- 버터가 들어가는 스콘과 달리 모든 재료를 차갑게 만들 필요 없이 실온 상태에 둡니다.
- 박력분, 통밀가루, 베이킹파우더, 머스코바도, 소금을 함께 계량하고 한 번 체로 쳐서 준비합니다.
- 호두는 에어프라이어에 170℃로 10분 정도 구운 다음 식혀서 잘게 다집니다.
- 머스코바도는 비정제 황설탕으로 정제 설탕에서 맛볼 수 없는 특유의 풍미가 있습니다. 일반 황설탕으로 대체해도 됩니다.

만드는 법

1 체로 친 박력분, 통밀가루, 머스코바도, 베이킹파우더, 소금을 작업대에 놓고 스크래퍼로 골고루 섞어주세요.

2 1의 가운데를 우물 모양으로 넓게 파고 포도씨유를 부어주세요. 넘치지 않도록 주의합니다.

3 2를 스크래퍼로 잘게 자르듯이 섞어서 큰 덩어리 없이 보슬보슬하게 소보로 같은 상태가 될 때까지 섞어주세요.

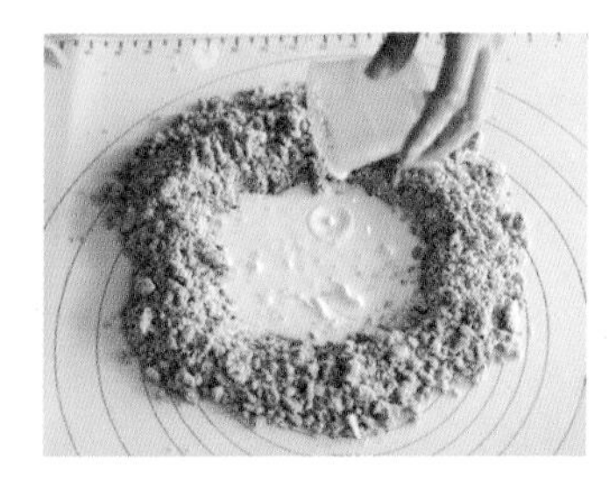

4 3에 우유와 생크림을 넣고 스크래퍼로 자르듯이 섞어서 액체를 가루에 골고루 퍼트립니다. 거의 한 덩어리로 뭉쳐졌을 때 호두를 넣고 마저 섞어주세요.

참고 … 푸드프로세서를 이용해 반죽을 섞으면 더욱 편리합니다. 푸드프로세서를 3초씩 끊어가면서 작동하고, 반죽이 뭉치기 시작하면 꺼내서 다음 과정을 계속 진행합니다.

5 대충 한 덩어리가 되면 스크래퍼로 절반을 잘라서 겹쳐 올립니다. 손바닥으로 납작하게 누르고, 다시 절반을 잘라 겹쳐 올리는 작업을 3번 정도 반복합니다.

참고 … 스콘의 결을 만들기 위한 작업입니다.

6 5의 반죽을 랩으로 감싸거나 비닐에 넣어서 두께 2cm 정도로 납작하게 만들어주세요.

참고 … 통밀 호두 스콘 반죽은 휴지할 필요가 없습니다.

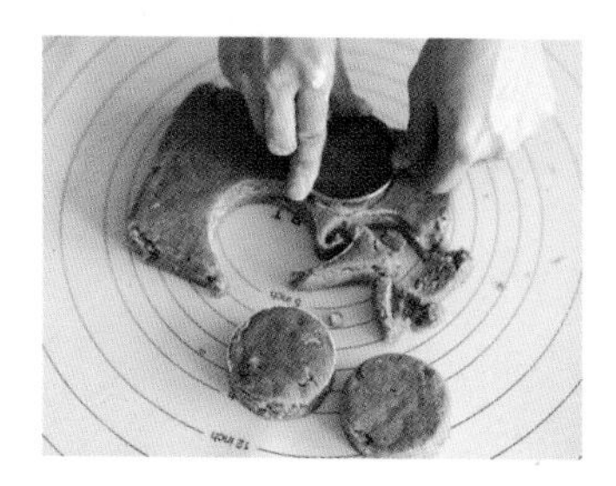

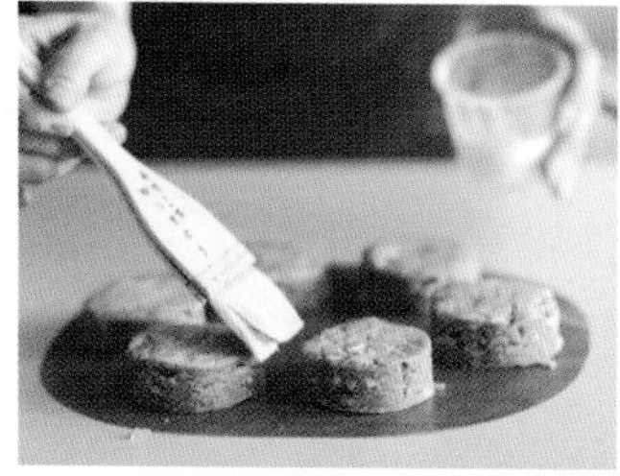

7 반죽을 원형 틀로 찍어내 6조각으로 만들고, 스콘 윗면에 붓으로 우유나 생크림을 발라주세요.

참고 … 틀로 찍어내고 남은 반죽은 뭉쳐서 밀어 펴고 다시 찍어냅니다.

8 예열한 에어프라이어에 180℃로 15분 굽고, 뒤집어서 10분 구워주세요.

참고 … 스콘이 구워지면서 부풀어 오르는 것을 감안해 간격을 충분히 띄웁니다.

180℃ / 20분

Note

- 스콘 윗면에 우유나 생크림을 바르면 달걀물을 발랐을 때보다 더 옅은 색으로 구워집니다. 진하게 굽고 싶다면 연유나 설탕을 섞어주세요.
- 구운 스콘은 한 김 식혀서 따뜻할 때 먹어야 가장 맛있어요.
- **보관** : 완전히 식혀서 공기가 잘 통하는 곳에 보관하면 다음 날까지 맛있게 먹을 수 있어요. 그 이상 보관하려면 쿠킹호일이나 랩 등으로 개별 포장해서 냉동 보관합니다. 살짝 해동해서 에어프라이어에 180℃로 5분 정도 데워 먹으면 갓 구운 것처럼 바삭합니다.

콘치즈 스콘

한번 입에 넣으면 절대 멈출 수 없는 마성의 단짠단짠 스콘이에요. 옥수수와 체다 치즈를 듬뿍 넣어 고소한 맛이 일품입니다.

 Air fryer

180℃ / 15분 → 뒤집어서 → 10분

 Oven

180℃ / 20분

재료 6개 분량

박력분 160g
강력분 40g
버터 50g
베이킹파우더 5g
설탕 40g
소금 2g
생크림 100g
달걀 30g
체다 치즈 70g
캔 옥수수 55g

글레이즈

달걀흰자 5g
슈거파우더 15g

토핑

체다 치즈 적당량

미리 준비하기

- 만들기 직전까지 모든 재료를 냉장고에 차갑게 둡니다.
- 버터는 1cm x 1cm 정육면체 모양으로 썰어둡니다.
- 박력분, 강력분, 베이킹파우더, 설탕, 소금을 함께 계량하고 한 번 체로 쳐서 준비합니다.
- 캔 옥수수는 키친타월로 꾹꾹 눌러서 물기를 최대한 제거합니다. 옥수수에 물기가 많이 남아 있으면 반죽이 질척해질 수 있습니다.
- 글레이즈에 사용할 달걀흰자 5g을 미리 덜어두고, 남은 달걀은 잘 섞어서 스콘 반죽에 사용합니다.

만드는 법

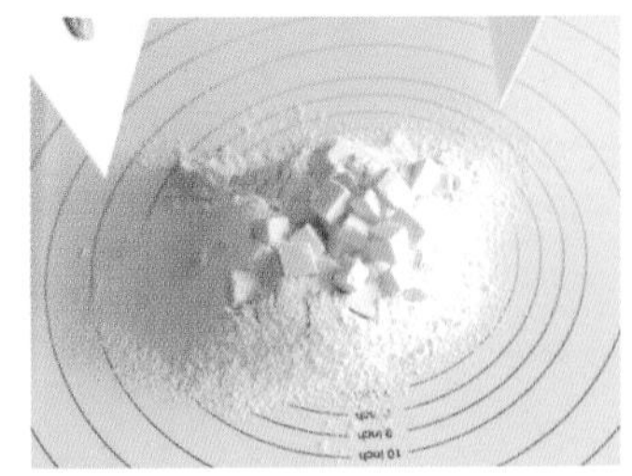

1 체로 친 박력분, 강력분, 베이킹파우더, 설탕, 소금을 작업대에 놓고 스크래퍼로 골고루 섞어주세요.

2 정육면체 모양으로 썬 차가운 버터를 1에 넣고 스크래퍼로 쌀알 크기가 될 정도로 다져주세요.

참고 … 이 과정은 푸드프로세서를 이용하면 더욱 편리합니다. 푸드프로세서를 3초씩 끊어 작동해가면서 버터를 잘게 다집니다.

3 2에 차가운 생크림과 달걀을 넣고 스크래퍼로 자르듯이 섞어주세요.

4 날가루가 거의 보이지 않으면 체다 치즈와 옥수수를 넣고 가볍게 섞어 한 덩어리로 만들어주세요.

5 대충 한 덩어리가 되면 스크래퍼로 절반 잘라서 겹쳐 올립니다. 손바닥으로 납작하게 누르고 다시 절반을 잘라 겹쳐 올리는 과정을 3번 정도 반복합니다.

참고 … 스콘의 결을 만들기 위한 작업입니다.

6 반죽을 비닐이나 랩으로 감싼 다음 밀대로 눌러 두께 2cm 정도의 납작한 직사각형으로 만들고, 반죽이 단단해질 때까지 냉장고에 30분~1시간 휴지시킵니다.

7 단단해진 반죽을 칼이나 스크래퍼로 6등분을 해주세요.

참고 … 가장자리 4면을 칼로 잘라내면 4면 모두 결이 살아 있는 좀 더 깔끔한 사각형 스콘이 됩니다.

8 달걀흰자와 슈거파우더를 섞어서 글레이즈를 만들어주세요.

9 스콘 윗면에 글레이즈를 바르고, 여분의 체다 치즈를 솔솔 뿌려주세요.

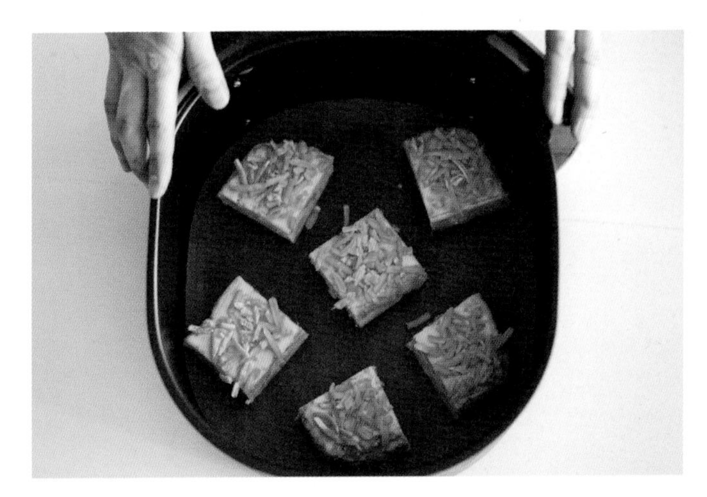

10 예열한 에어프라이어에 180℃로 15분 굽고, 뒤집어서 10분 구워주세요.

참고 … 스콘이 구워지면서 부풀어 오르는 것을 감안해 간격을 충분히 띄웁니다.

180℃ / 20분

Note

- 구운 스콘은 한 김 식혀서 따뜻할 때 먹어야 가장 맛있어요.
- **보관** : 완전히 식혀서 공기가 잘 통하는 곳에 보관하면 다음 날까지 맛있게 먹을 수 있어요. 그 이상 보관하려면 쿠킹호일이나 랩 등으로 개별 포장해서 냉동 보관합니다. 살짝 해동해서 에어프라이어에 180℃로 5분 정도 데워 먹으면 갓 구운 것처럼 바삭합니다.

말차 콩가루 크럼블 스콘

'크럼블(crumble)'은 '잘게 부수다'는 뜻으로 반죽을 소보로처럼 굵게 부숴서 얹는 것을 말합니다. 여기서는 콩가루 크럼블을 스콘 반죽 위에 얹어서 구울 거예요. 고소한 콩가루 크럼블과 말차 향이 잘 어울리는 스콘은 요거트가 듬뿍 들어가 속은 촉촉하고 부드러우면서 겉은 바삭하답니다.

Air fryer

180℃ / 15분 → 뒤집어서 → 10분

Oven

180℃ / 20분

재료 6개 분량

박력분 110g
중력분 80g
말차가루 8g
버터 100g
베이킹파우더 5g
설탕 40g
소금 1g
요거트 90g
화이트초코칩 50g

콩가루 크럼블
버터 20g
황설탕 20g
강력분 10g
볶은 콩가루 10g
아몬드 파우더 20g
소금 1꼬집

미리 준비하기

- 만들기 직전까지 모든 재료를 냉장고에 차갑게 둡니다.
- 버터는 1cm x 1cm 정육면체 모양으로 썰어두세요.
- 박력분, 중력분, 베이킹파우더, 말차가루, 설탕, 소금을 함께 계량하고 한 번 체로 쳐서 준비합니다.
- 크럼블은 휴지 시간이 필요하므로 맨 먼저 작업합니다.

만드는 법

• 콩가루 크럼블

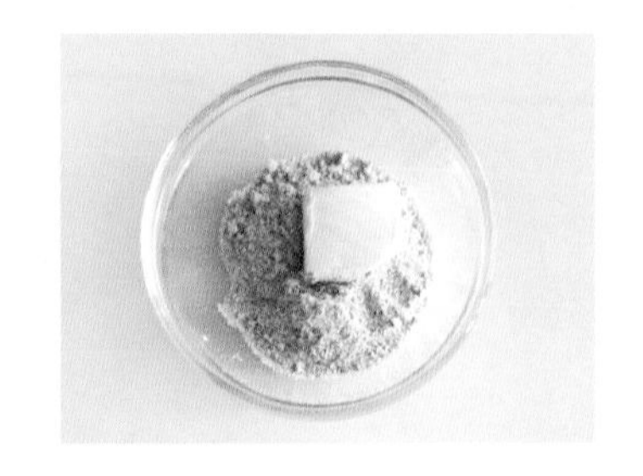

1 실온 상태의 부드러운 버터에 황설탕, 강력분, 볶은 콩가루, 아몬드 파우더, 소금을 넣어주세요.

2 작은 덩어리로 뭉쳐질 때까지 손가락으로 뭉개가며 비비듯이 섞어주세요.

3 차갑고 단단해질 때까지 냉장고에 넣어 휴지시킵니다.

참고 … 크럼블이 완전히 굳지 않으면 구울 때 모양이 유지되지 않고 퍼지니 주의합니다.

• 스콘

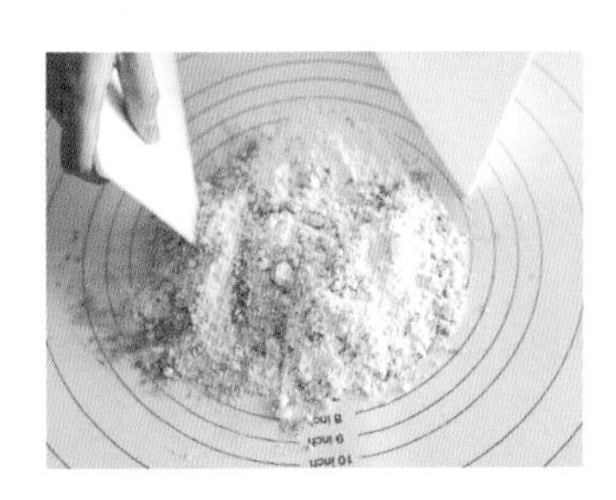

4 박력분, 중력분, 말차가루, 베이킹파우더, 설탕, 소금을 작업대에 놓고 스크래퍼로 골고루 섞어주세요.

5 정육면체 모양으로 썬 차가운 버터를 4에 넣고 스크래퍼로 쌀알 크기 정도 될 때까지 다집니다.

참고 … 4~5 과정은 푸드프로세서를 이용하면 더욱 편리합니다. 푸드프로세서를 3초씩 끊어서 작동해가면서 버터를 잘게 다집니다.

6 5를 우물 모양으로 만들어 가운데 차가운 요거트를 넣고 스크래퍼로 자르듯이 섞어주세요.

7 날가루가 거의 보이지 않으면 화이트초코칩을 넣고 가볍게 섞어 한 덩어리로 만들어주세요.

8 대충 한 덩어리가 되면 스크래퍼로 절반을 잘라 겹쳐 올립니다. 손바닥으로 납작하게 누르고, 다시 절반을 잘라서 겹쳐 올리는 과정을 3번 정도 반복합니다.

참고 … 스콘의 결을 만들기 위한 작업입니다.

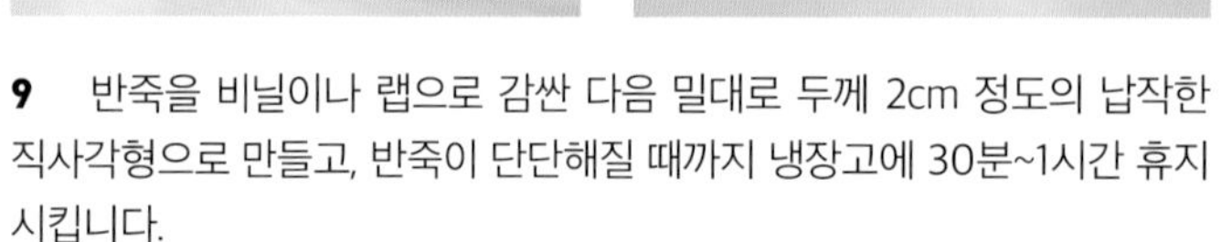

9 반죽을 비닐이나 랩으로 감싼 다음 밀대로 두께 2cm 정도의 납작한 직사각형으로 만들고, 반죽이 단단해질 때까지 냉장고에 30분~1시간 휴지시킵니다.

10 단단해진 반죽을 칼이나 스크래퍼로 6등분을 해주세요.

11 3에서 미리 만든 콩가루 크럼블을 스콘 위에 듬뿍 얹어주세요.

12 예열한 에어프라이어에 180℃로 15분 굽고, 뒤집어서 10분 구워주세요.

 180℃ / 20분

참고 … 스콘이 구워지면서 부풀어 오르는 것을 감안해 간격을 충분히 띄웁니다.

Note

- 구운 스콘은 한 김 식혀서 따뜻할 때 먹어야 가장 맛있어요.
- **보관** : 완전히 식혀서 공기가 잘 통하는 곳에 보관하면 다음 날까지 맛있게 먹을 수 있어요. 그 이상 보관하려면 쿠킹호일이나 랩 등으로 개별 포장해서 냉동 보관합니다. 살짝 해동해서 에어프라이어에 180℃로 5분 정도 데워 먹으면 갓 구운 것처럼 바삭합니다.

트리플 초코 스콘

보통의 초코 스콘은 반죽에 코코아 파우더를 넣는데, 녹인 초코를 넣으면 아주 진한 풍미를 느낄 수 있어요. 초코칩을 듬뿍 넣어 스콘을 굽고, 초콜릿 글레이즈를 스콘 위에 듬뿍 뿌리니 초코 마니아라면 분명 좋아할 맛이에요.

Air fryer

180℃ / 15분 → 뒤집어서 → 10분

Oven

180℃ / 20분

재료 6개 분량

박력분 200g
버터 70g
베이킹파우더 6g
황설탕 25g
소금 1g
우유 45g
달걀 40g
다크 커버추어 초콜릿 50g
초코칩 50g

초콜릿 글레이즈
다크 코팅 초콜릿 40g
다크 커버추어 초콜릿 20g
포도씨유 10g

달걀물 약간
장식용 카카오닙 적당량

미리 준비하기

- 만들기 직전까지 모든 재료를 냉장고에 차갑게 둡니다.
- 버터는 1cm x 1cm 정육면체 모양으로 썰어두세요.
- 박력분, 베이킹파우더, 황설탕, 소금은 함께 계량하고 한 번 체로 쳐서 준비합니다.
- 반죽에 들어가는 다크 커버추어 초콜릿은 미리 녹여서 30℃ 정도로 미지근하게 식혀두세요.
- 스콘 윗면에 바르는 '달걀물'이란 달걀흰자와 노른자를 섞은 것으로, 구웠을 때 예쁜 색을 내기 위한 것입니다.

만드는 법

• 스콘

1 체로 친 박력분, 베이킹파우더, 황설탕, 소금을 작업대에 놓고 스크래퍼로 골고루 섞어주세요.

2 정육면체 모양으로 썬 차가운 버터를 1에 넣고 스크래퍼로 쌀알 크기 정도 될 때까지 다집니다.

3 2를 우물 모양으로 만들어 가운데 차가운 우유와 달걀을 넣고 스크래퍼로 자르듯이 섞어주세요.

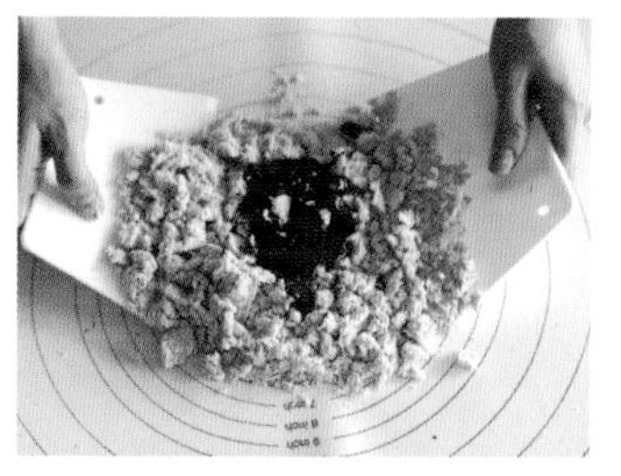

4 녹여서 30℃ 정도까지 식힌 다크 커버추어 초콜릿을 3에 넣고 자르듯이 섞어주세요.

5　반죽에 초콜릿이 고루 퍼지면 초코칩을 넣고 가볍게 섞어 한 덩어리로 만들어주세요.

참고 … 1~5 과정은 푸드프로세서를 이용하면 더욱 편리합니다. 푸드프로세서를 3초씩 끊어가면서 작동하고, 반죽이 한 덩어리로 뭉쳐지기 시작하면 꺼내 다음 과정을 계속 진행합니다.

6　반죽을 랩이나 비닐로 감싸고 단단해질 때까지 냉장고에 넣어 최소 3시간 이상 휴지시킵니다.

참고 … 초콜릿이 들어간 반죽은 구웠을 때 많이 퍼질 수 있습니다. 퍼지지 않고 예쁜 모양을 유지하려면 충분히 휴지시켜야 합니다.

7　단단해진 반죽을 손으로 뜯어 자연스러운 모양으로 뭉쳐주세요.

참고 … 스콘이 구워지면서 부풀어 오르는 것을 감안해 간격을 충분히 띄웁니다.

8　7의 윗면에 붓으로 달걀물을 발라주세요.

9　예열한 에어프라이어에 180℃로 15분 굽고, 뒤집어서 10분 구워주세요.

180℃ / 20분

• 초콜릿 글레이즈

10 다크 커버추어 초콜릿과 다크 코팅 초콜릿을 함께 중탕하거나 전자레인지에 녹여서 잘 섞어주세요.

11 10에 포도씨유를 넣고 잘 섞은 다음 30℃ 정도로 식혀주세요.

12 한 김 식힌 스콘 윗면에 초콜릿 글레이즈를 묻히고, 카카오닙으로 장식해주세요.

참고 … 초콜릿 글레이즈가 달콤해서 반죽에 들어가는 설탕 양은 최대한 줄였습니다. 글레이즈를 생략하려면 설탕 양을 조금 늘려도 됩니다.

Note

- 구운 스콘은 한 김 식혀서 따뜻할 때 먹어야 가장 맛있어요.
- **보관** : 완전히 식혀서 공기가 잘 통하는 곳에 보관하면 다음 날까지 맛있게 먹을 수 있어요. 그 이상 보관하려면 쿠킹호일이나 랩 등으로 개별 포장해서 냉동 보관합니다. 살짝 해동해서 에어프라이어에 180℃로 5분 정도 데워 먹으면 갓 구운 것처럼 바삭합니다.

더블 초코 머핀

홈메이드 베이킹의 대표 주자가 바로 만들기 쉽고 맛있는 머핀이에요. 그중 초코 머핀은 엄마가 만들어주는 빵으로 그만이에요. 아이들 간식으로 초코 머핀을 만들어보세요

 Air fryer

150℃ / 15분 → 쿠킹호일 덮고 → 15분

 Oven

160℃ / 25분

재료 지름 50mm 높이 60mm 5개 분량

달걀 73g
설탕 53g
꿀 16g
소금 1g
포도씨유 60g
생크림 93g
박력분 71g
코코아 파우더 33g
아몬드 파우더 30g
베이킹파우더 3g
초코칩 82g

미리 준비하기

- 모든 재료는 차갑지 않게 실온에 둡니다.
- 박력분, 베이킹파우더, 코코아 파우더, 아몬드 파우더를 함께 계량하고 한 번 체로 쳐서 준비합니다.
- 머핀컵은 '파네토네몰드'로 검색해서 구입합니다.

만드는 법

1 달걀을 손거품기로 가볍게 풀고, 설탕과 소금, 꿀을 넣고 섞어주세요.

2 포도씨유를 1에 넣고 손거품기로 완전히 섞어주세요.

3 실온의 생크림을 2에 넣고 손거품기로 가볍게 섞어주세요.

4 체로 친 박력분, 코코아 파우더, 아몬드 파우더, 베이킹파우더를 3에 넣고 손거품기로 천천히 섞어주세요.

참고 … 가루가 보이지 않을 때까지만 섞어주세요. 반죽을 지나치게 많이 섞으면 글루텐이 생겨 떡이 지고 질겨질 수 있습니다.

5 초코칩을 4에 넣고 주걱으로 고루 섞으면 반죽이 완성됩니다.

6 머핀컵에 5의 반죽을 80% 채우고, 윗면에 여분의 초코칩을 올려주세요.

참고 … 구워지면서 부풀어 오르니 가득 채우지 않아야 합니다. 넘쳐흐르지 않도록 80% 채우는 것이 적당합니다.

7 예열한 에어프라이어에 150℃로 30분 구워주세요.

참고 … 윗면의 구움색이 진하지 않도록 15분 구운 다음 쿠킹호일을 윗면에 덮어 15분 더 구워주세요.

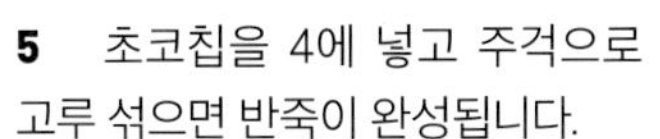
160℃ / 25분

Note

- **보관** : 완전히 식힌 후 밀봉해서 서늘한 실온에 4~5일 보관합니다. 더 오래 두고 먹으려면 냉동 보관합니다.

생크림 머핀

뚝딱 만들 수 있는 기본 생크림 머핀이에요. 적당히 묵직하고 촉촉해서 하나만 먹어도 꽤 든든하답니다. 바닐라 오일이나 바닐라 엑스트랙 대신 진짜 바닐라빈을 사용하면 더 고급스러운 맛을 낼 수 있어요.

Air fryer

150℃ / 15분 → 쿠킹호일 덮고 → 15분

Oven

160℃ / 25분

재료 밑면 지름 55mm 머핀컵 4개 분량

달걀 71g
설탕 77g
꿀 13g
박력분 110g
베이킹파우더 3g
생크림 104g
바닐라 엑스트랙 3g
소금 1꼬집

미리 준비하기

- 모든 재료는 차갑지 않게 실온에 둡니다.
- 일회용 머핀틀에 종이 머핀컵을 깔아서 준비합니다.

  참고 … 일회용 머핀틀은 '은박 머핀컵', 종이 머핀컵은 '핀란드 머핀컵'으로 검색해서 구입합니다.
- 박력분, 설탕, 베이킹파우더, 소금은 체로 쳐서 준비합니다.

만드는 법

1 액체 재료(달걀, 생크림, 꿀, 바닐라 엑스트랙)를 잘 섞어주세요.

2 체로 친 박력분, 설탕, 베이킹파우더, 소금을 1에 넣고 손거품기로 천천히 섞어주세요.

참고 … 가루가 보이지 않을 정도만 섞어주세요. 반죽을 지나치게 많이 섞으면 글루텐이 생겨 떡이 지고 질겨질 수 있어요.

3 머핀컵에 반죽을 80% 채워주세요.

4 예열한 에어프라이어에 150℃로 30분 구워주세요.

참고 … 윗면의 구움색이 진하지 않도록 15분 구운 다음 쿠킹호일을 윗면에 덮고 15분 더 구워주세요.

160℃ / 25분

Note

- **보관** : 완전히 식힌 후 밀봉해서 서늘한 실온에 4~5일 보관합니다. 더 오래 두고 먹으려면 냉동 보관합니다.

당근 크림치즈 머핀

재료들을 섞기만 하면 되니 정말 간편하게 만들 수 있는 당근 머핀이에요. 버터 대신 오일이 들어가니 채식주의자들에게도 좋은 빵이랍니다.

Air fryer

150℃ / 15분 → 쿠킹호일 덮고 → 15분

Oven

160℃ / 30분

재료 스텐 푸딩컵(윗면 지름 75mm, 밑면 지름 65mm, 높이 38mm) 4개 분량

반죽

달걀 54g
머스코바도 54g
소금 1g
포도씨유 58g
박력분 73g
아몬드 파우더 20g
시나몬 파우더 2g
베이킹파우더 2g
당근 다진 것 124g
오렌지 주스 22g
호두 27g

필링

크림치즈 80g
슈거파우더 12g

미리 준비하기

- 모든 재료는 차갑지 않게 실온에 둡니다.
- 박력분, 아몬드 파우더, 시나몬 파우더, 베이킹파우더는 함께 계량하고 한 번 체로 쳐서 준비합니다.
- 머핀틀 안쪽에 붓으로 부드러운 버터를 얇게 바르고, 강력분을 뿌린 후 한 번 털어냅니다.
- 호두는 에어프라이어에 170℃로 10분 정도 굽고 식혀서 잘게 다집니다.
- 머스코바도는 비정제 황설탕으로 정제 설탕으로 맛볼 수 없는 특유의 풍미가 있습니다. 일반 황설탕으로 대체해도 됩니다.
- 머핀틀은 '낮은 스텐 푸딩컵'으로 검색해서 구입합니다.

만드는 법

1 달걀을 손거품기로 가볍게 풀고, 머스코바도와 소금을 넣고 잘 섞어주세요.

2 포도씨유를 1에 넣고 손거품기로 골고루 잘 섞어주세요.

3 체로 친 박력분, 아몬드 파우더, 시나몬 파우더, 베이킹파우더를 2에 넣고 손거품기로 덩어리 없이 섞어주세요.

참고 … 가루가 보이지 않을 때까지만 섞어주세요. 반죽을 지나치게 많이 섞으면 글루텐이 생겨 떡이 지고 질겨질 수 있습니다.

4 오렌지 주스를 3에 넣고 손거품기로 잘 섞어주세요.

5 잘게 다진 당근과 호두를 4에 넣고 주걱으로 고루 섞으면 머핀 반죽이 완성됩니다.

6 볼에 실온 상태의 크림치즈를 담고 주걱으로 덩어리를 푼 다음 슈거 파우더를 넣고 잘 섞어 크림치즈 필링을 만들어주세요.

7 머핀틀에 반죽을 2/3 채우고, 크림치즈 필링을 짤주머니에 담아 머핀 반죽 위에 동그랗게 짜서 올려주세요.

8 예열한 에어프라이어에 150℃로 30분 구워주세요.

참고 … 윗면의 구움색이 진하지 않도록 15분 구운 다음 쿠킹호일을 윗면에 덮고 15분 더 구워주세요.

160℃ / 30분

Note

- **보관** : 크림치즈가 들어 있어 냉장 보관하는 것이 좋아요. 밀폐용기에 넣어 3~4일 냉장 보관 가능합니다. 더 오래 두고 먹으려면 냉동 보관합니다.

바나나 코코넛 크럼블 파운드케이크

기다란 직사각형 틀에 넣고 굽는 파운드케이크는 밀가루, 달걀, 설탕, 버터를 각각 1파운드(453g)씩 배합한다고 해서 붙여진 이름이에요. 환상의 짝꿍인 코코넛과 바나나를 넣어서 파운드케이크를 만들어볼 거예요. 반죽 위에 올린 바삭바삭한 코코넛 크럼블이 맛을 배가합니다.

Air fryer

160℃ / 30분 → 쿠킹호일 덮고 → 15분

Oven

160℃ / 50분

재료
16cm x 8cm x 6.5cm 오란다 틀(대) 1개 분량

반죽

버터 100g
머스코바도 70g
소금 1g
달걀 50g
바나나 110g
박력분 85g
아몬드 파우더 35g
베이킹파우더 3g
말리부 10g

크럼블

버터 15g
머스코바도 15g
아몬드 파우더 10g
박력분 15g
코코넛 파우더 5g
코코넛롱 15g

미리 준비하기

- 파운드케이크 틀에 유산지를 두르거나 부드러운 버터를 바른 다음 강력분을 골고루 뿌리고 털어냅니다.
- 모든 재료는 차갑지 않게 실온에 둡니다.
- 반죽에 들어가는 박력분과 아몬드 파우더, 베이킹파우더를 함께 계량하고 한 번 체로 쳐서 준비합니다.
- 바나나 110g 중 80g은 포크로 형체 없이 으깨고, 30g은 작게 썰어 말리부에 담가둡니다.
  참고 … 말리부는 코코넛 향을 첨가한 럼의 일종으로, 코코넛 풍미를 돋우고 바나나의 좋지 않은 향을 잡아줍니다. 없으면 생략해도 됩니다.
- 크럼블은 휴지 시간이 필요하므로 맨 먼저 만들어둡니다.
- 파운드케이크 틀은 오란다 틀로 검색해서 구입합니다.

만드는 법

• 코코넛 크럼블

1 실온 상태의 부드러운 버터에 머스코바도, 아몬드 파우더, 박력분, 코코넛 파우더, 코코넛롱을 넣어주세요.

2 작은 덩어리로 뭉쳐질 때까지 손가락으로 뭉개가며 비비듯이 섞어 크럼블을 만들고, 차갑고 단단해질 때까지 냉장고에서 휴지시킵니다.

참고 … 크럼블이 완전히 굳지 않은 상태에서 구우면 모양이 유지되지 않고 많이 퍼지니 주의합니다.

• 파운드케이크

3 실온 상태의 부드러운 버터를 볼에 담고 핸드믹서로 잘 풀어주세요.

4 3에 머스코바도와 소금을 넣고 버터의 색이 밝아지고 부피가 조금 커질 때까지 핸드믹서로 휘핑해주세요.

5 4에 실온 상태의 달걀을 10번에 걸쳐 조금씩 나눠 넣어가며 휘핑해 부드러운 크림 상태로 만들어주세요.

참고 … 달걀을 넣고 섞다가 몽글몽글하게 분리되는 듯하면 체로 친 가루 재료를 한 줌 넣고 빠르게 치대듯 섞어주세요. 가루가 수분을 흡수해 분리되는 것을 막아줍니다.

6 5에 체로 친 가루 재료를 모두 넣고 주걱을 세워 자르듯이 가볍게 섞어주세요.

7 바나나와 말리부를 넣고 주걱으로 가볍게 섞으면 반죽이 완성됩니다.

8 틀에 반죽을 담아주세요. 주걱으로 양끝은 높고 가운데는 오목한 U자 모양이 되도록 정리합니다.

참고 … 길고 좁은 파운드케이크 틀에 반죽을 담고 구우면 가운데가 불룩하게 솟아오릅니다. 반죽을 U자 모양으로 정리해주면 가운데가 완만한 곡선 모양으로 예쁘게 만들어집니다.

9 2의 코코넛 크럼블을 반죽 위에 듬뿍 올려주세요.

10 예열한 에어프라이어에 160℃로 45분 구워주세요.

참고 … 윗면의 구움색이 너무 진하지 않도록 30분 구운 다음 쿠킹호일을 윗면에 덮고 15분 더 구워주세요.

160℃ / 50분

Note

- 파운드케이크는 랩에 싸서 실온에 하루 정도 두면 전체적으로 촉촉해지면서 맛이 더욱 좋아집니다.
- **보관** : 수분이 많은 바나나가 들어 있어 일반 파운드케이크보다 보관 기간이 짧아요. 밀봉해서 서늘한 실온에 2~3일 보관 가능합니다. 더 오래 두고 먹으려면 냉동 보관합니다.

Do you know where pasta began?
SWEETS INFORMATION

얼그레이 파운드케이크

얼그레이는 베르가모트 향을 첨가한 영국의 홍차예요. 영국의 수상 찰스 그레이 백작이 즐겨 마셨다고 해서 붙여진 이름이라고 합니다. 대표적인 홍차인 얼그레이 찻잎을 우린 소스를 반죽에 넣고, 얼그레이 찻잎을 갈아서 한 번 더 넣어 진한 향을 느낄 수 있는 파운드케이크입니다. 먼저 얼그레이 소스를 만들고 케이크 반죽을 만든 다음 반죽과 얼그레이 소스를 섞어서 구워줍니다.

 Air fryer

160℃ / 30분 → 쿠킹호일 덮고 → 15분

 Oven

160℃ / 50분

재료 16cm x 8cm x 6.5cm 오란다 틀(대) 1개 분량

반죽

버터 100g
설탕 90g
달걀 100g
박력분 100g
베이킹파우더 2.5g
얼그레이 찻잎 4g
소금 1g

얼그레이 소스

생크림 50g
얼그레이 찻잎 6g

미리 준비하기

- 틀에 유산지를 두르거나 부드러운 버터를 바른 다음 강력분을 골고루 뿌리고 털어냅니다.
- 모든 재료는 차갑지 않게 실온에 둡니다.
- 박력분과 베이킹파우더는 함께 계량하고 한 번 체로 쳐서 준비합니다
- 반죽에 들어갈 얼그레이 찻잎 4g을 곱게 갈아서 준비합니다.

만드는 법

• 얼그레이 소스

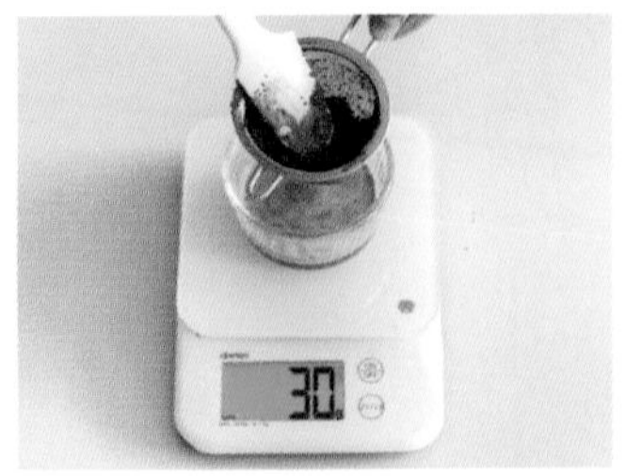

1 생크림을 50℃ 정도로 따뜻하게 데워 소스용 얼그레이 찻잎 6g을 넣고 랩을 씌워 30분 동안 우려냅니다.

2 1을 체로 걸러 얼그레이 소스를 만듭니다. 이때 소스는 정확히 30g을 계량해둡니다.

• 파운드케이크

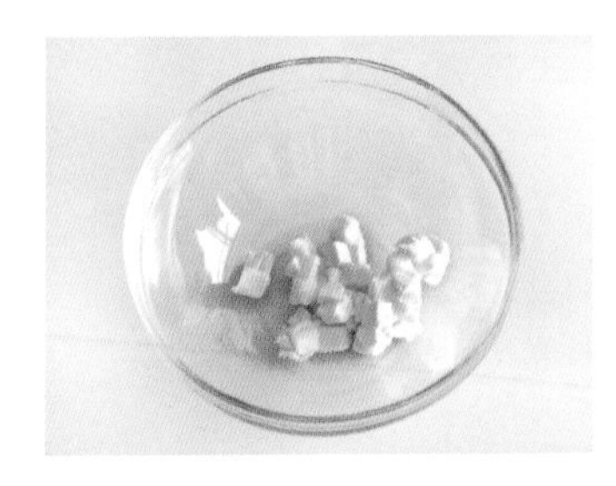

3 실온 상태의 부드러운 버터를 볼에 담고 잘 풀어주세요.

4 설탕과 소금을 3에 넣고 버터의 색이 밝아지고 부피가 약간 커질 때까지 핸드믹서로 휘핑해주세요.

5 4에 실온의 달걀을 10번에 걸쳐 조금씩 나눠 넣으면서 휘핑해 부드러운 크림 상태로 만들어주세요.

참고 … 달걀을 넣고 섞다가 몽글몽글하게 분리되는 듯하면 체로 친 가루 재료를 한 줌 넣고 섞어주세요. 가루가 수분을 흡수해 분리되는 것을 막아줍니다.

6 5에 체로 친 박력분과 베이킹파우더, 곱게 간 얼그레이 찻잎을 넣고 주걱을 세워 자르듯이 가볍게 섞어주세요.

7 2의 얼그레이 소스가 30℃ 이하로 식으면 6에 넣고 주걱으로 가볍게 섞어 반죽을 완성합니다.

8　틀에 반죽을 담고, 주걱으로 양끝은 높고 가운데는 오목한 U자 모양이 되도록 정리합니다.

9　예열한 에어프라이어에 160℃로 45분 구워주세요.

참고 … 윗면의 구움색이 너무 진하지 않도록 30분 구운 다음 쿠킹호일을 윗면에 덮고 15분 더 구워주세요.

160℃ / 50분

Note

- 파운드케이크는 랩에 싸서 실온에 하루 정도 두면 전체적으로 촉촉해지면서 맛이 더욱 좋아집니다.
- **보관** : 완전히 식힌 다음 밀봉해서 서늘한 실온에 4~5일 보관 가능합니다. 더 오래 두고 먹으려면 냉동 보관합니다.

Do you know where pasta began?
THIS WEEK'S SWEETS INFORMATION
Deluxe Cheesecake
Coconut Ice Cream Sandwiches
In Belgium

쑥떡 파운드케이크

친숙하게 잘 어울리는 쑥과 떡은 최근 들어 베이킹에서 흔히 사용되는 재료예요. 쑥 파운드케이크 속에 인절미처럼 쫄깃한 떡이 들어가 '할매입맛'의 취향을 저격하는 케이크랍니다.

Air fryer
160℃ / 15분 → 쿠킹호일 덮고 → 15분

Oven
160℃ / 25분

재료 6cm x 6cm x 6cm 미니큐브 식빵팬 4개 분량

반죽
버터 130g
설탕A 84g
달걀노른자 95g
달걀흰자 70g
설탕B 35g
박력분 56g
아몬드 파우더 52g
쑥가루 13g
베이킹파우더 3g
냉동 빙수떡 8개

시럽
물 30g
설탕 15g
럼주 10g

미리 준비하기

- 틀에 유산지를 두르거나 부드러운 버터를 바른 다음 강력분을 골고루 뿌리고 털어냅니다.
- 버터와 달걀노른자는 차갑지 않게 실온에 둡니다.
- 달걀흰자는 사용하기 전까지 차갑게 둡니다.
- 박력분과 아몬드 파우더, 베이킹파우더, 쑥가루를 함께 계량하고 한 번 체로 쳐서 준비합니다.
- 체로 걸러지는 보푸라기 같은 쑥의 섬유질은 반죽에 넣지 말고 버립니다.
- 틀은 '미니큐브 식빵팬'으로 검색해서 구입합니다.
- 빙수떡은 '누드빙수떡'으로 검색해서 구입합니다.
- 분량의 물에 설탕을 넣고 가열해 녹인 후, 불을 끄고 럼주를 넣어 시럽을 미리 만들어둡니다.

만드는 법

1 실온 상태의 부드러운 버터를 볼에 담고 잘 풀어주세요.

2 1에 설탕A를 넣고 버터의 색이 약간 밝아지고 크림 상태가 될 때까지 핸드믹서로 휘핑하세요.

3 2에 실온 상태의 달걀노른자를 3~4번에 걸쳐 조금씩 나눠 넣어가며 핸드믹서로 휘핑해 부드러운 크림 상태로 만들어주세요.

4 체로 친 박력분, 아몬드 파우더, 베이킹파우더, 쑥가루를 3에 넣고 주걱을 세워 자르듯이 가볍게 섞어주세요.

5 볼에 달걀흰자를 넣고 설탕B를 3번 나눠 넣어가며 핸드믹서로 휘핑해 단단한 머랭을 만들어주세요.

참고 … 완성된 머랭을 전체적으로 잘 섞어서 휘퍼 날을 천천히 수직으로 들어 올렸을 때 끝이 새부리처럼 뾰족한 모양이 되는 것이 적당합니다.

6 5를 4의 반죽에 반씩 2번 나눠서 넣어 주걱으로 섞어주세요.

참고 … 주걱을 세워서 자르듯이 가볍게 섞어주세요. 너무 많이 섞거나 치대듯이 하면 머랭이 꺼지면서 케이크의 볼륨이 낮고 떡이 질 수 있으니 주의합니다.

7 반죽을 짤주머니에 담아 절반 정도를 먼저 팬닝하고, 중앙에 빙수떡을 2개씩 올려주세요.

참고 … 팬닝 74쪽

8 남은 반죽을 마저 팬닝해 틀의 80% 정도 채워주세요.

9 예열한 에어프라이어에 160℃로 30분 구워주세요.

참고 … 윗면의 구움색이 진하지 않도록 15분 구운 다음 쿠킹호일을 윗면에 덮고 15분 더 구워주세요.

160℃ / 25분

10 구운 파운드케이크는 뜨거울 때 팬에서 분리하고, 표면에 시럽을 붓으로 고루 발라주세요.

참고 … 시럽은 파운드케이크에 풍미와 촉촉함을 더해줍니다. 시럽을 발라도 많이 달지 않아요.

Note

- 파운드케이크는 랩에 싸서 실온에 하루 정도 두면 전체적으로 촉촉해지면서 맛이 더욱 좋아집니다.
- **보관** : 떡이 들어 있어 일반 파운드케이크보다 보관 기간이 짧아요. 밀봉해서 서늘한 실온에 2~3일 보관 가능합니다. 더 오래 두고 먹으려면 냉동 보관합니다.

Part 3.

홈파티에 손색없는

근사한 디저트

가끔은 화려하고 눈이 즐거운 디저트가 필요한 순간이 있지요. 특별한 날을 더 특별하게 빛내줄 디저트를 에어프라이어로 만들어보세요. 얼핏 복잡하고 어려워 보이지만 하나씩 차근차근 따라 하다 보면 세상 어떤 디저트보다 맛있고 예쁘게 만들 수 있어요.

Lotus
자도르베이킹랩

Lotus

로투스 브라우니 치즈케이크

커피에 주로 곁들이는 로투스 쿠키를 활용한 베이킹이 요즘 인기랍니다. 브라우니의 진한 맛과 치즈케이크의 고소함, 로투스의 달콤함까지 3가지 맛이 조화롭게 어우러지는 치즈케이크를 만들어볼 거예요. 먼저 브라우니를 굽고, 치즈케이크 반죽과 로투스 쿠키를 올려 다시 한 번 구워줍니다.

Air fryer

브라우니
150℃ / 10분

치즈케이크
160℃ / 20분 → 쿠킹호일 덮고 → 15분

Oven

브라우니
160℃ / 10분

치즈케이크
160℃ / 40분

재료 16.5cm x 16.5cm 정사각 팬(2호) 1개 분량

브라우니 반죽
다크 커버추어 초콜릿 (카카오 70%) 85g
버터 65g
설탕 80g
달걀 65g
중력분 50g
베이킹파우더 1g
소금 1꼬집

치즈케이크 반죽
크림치즈 345g
설탕 82g
달걀 75g
옥수수 전분 12g
바닐라빈 1/3개
사워크림 22g
생크림 30g
레몬즙 8g

토핑
로투스 쿠키 8개

미리 준비하기

- 정사각 팬의 대각선 길이는 약 23cm입니다. 용량이 작은 에어프라이어에는 들어가지 않을 수 있으니 더 작은 것으로 준비합니다.
- 정사각 팬보다 조금 크게 유산지를 준비하고 팬 안에 유산지를 넣어 크기를 맞춰봅니다. 모서리가 잘 접히도록 한쪽을 잘라 팬에 유산지를 잘 깔아줍니다.

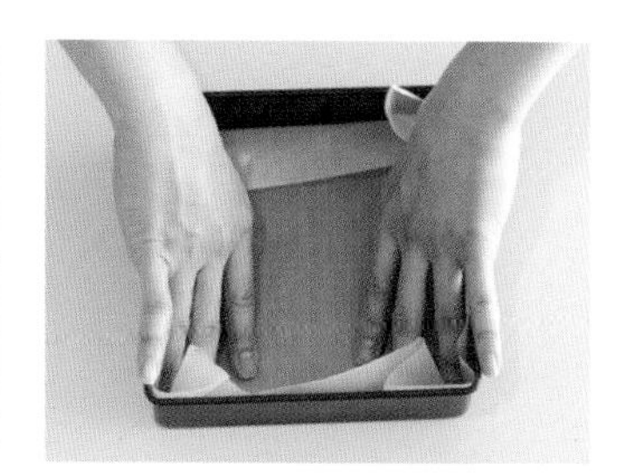

- 바닐라빈은 세로로 길게 자르고 칼등으로 속에 들어 있는 씨앗만 긁어 냅니다.
- 버터, 달걀, 사워크림, 생크림, 크림치즈, 레몬즙은 실온에 미리 꺼내두고 차갑지 않은 상태로 사용합니다.
- 브라우니에 들어가는 중력분과 베이킹파우더는 함께 계량하고 미리 체로 쳐서 준비합니다.

만드는 법

• 브라우니

1 다크 커버추어 초콜릿과 버터를 함께 담고 전자레인지에 돌리거나 중탕으로 녹여주세요.

2 실온 상태의 달걀을 볼에 담아 잘 풀고, 설탕과 소금을 넣고 손거품기로 천천히 섞어주세요.

3 2에 1을 넣고 손거품기로 완전히 섞어주세요.

4 체로 친 중력분과 베이킹파우더를 3에 넣고 천천히 섞어주세요.

5 유산지를 깐 정사각 팬에 반죽을 모두 붓고 평평하게 정리합니다.

참고 … 에어프라이어의 강한 열풍에 유산지가 날리지 않도록 남은 반죽으로 틀과 유산지를 붙이면 좋습니다.

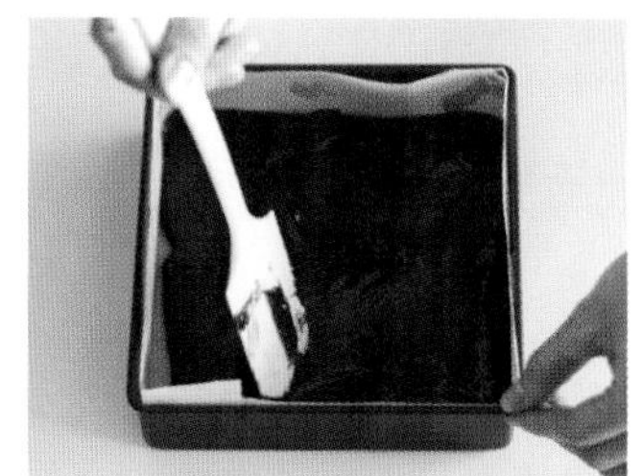

6 예열한 에어프라이어에 150℃로 10분 구워주세요.

160℃ / 10분

• 치즈케이크

7 실온에서 부드러워진 크림치즈를 볼에 넣고 주걱으로 으깨듯이 눌러 덩어리를 없애주세요.

8 설탕과 바닐라빈을 7에 넣고 부드러운 크림 상태가 될 때까지 주걱으로 섞어주세요.

9 실온 상태의 달걀을 8에 넣고 주걱으로 골고루 섞어주세요.

10 사워크림, 생크림을 9에 넣고 주걱으로 골고루 섞어주세요.

11 옥수수 전분을 체로 쳐서 10에 넣고 덩어리지지 않도록 섞어주세요.

12 레몬즙을 11에 넣고 섞으면 치즈케이크 반죽이 완성됩니다.

13 완성된 치즈케이크 반죽을 구운 브라우니 위에 붓고 로투스 쿠키 8개를 올려주세요.

14 13을 160℃로 35분 구워주세요.
참고 … 윗면이 타지 않도록 20분 굽고 나서 윗면을 쿠킹호일로 덮고 15분 더 구워주세요.

160℃ / 40분

Note

- 브라우니와 치즈케이크 반죽을 만들 때 불필요한 공기가 들어가지 않도록 거품기나 주걱을 바닥에 대고 천천히 섞어주세요. 반죽에 공기가 많이 들어가면 굽는 도중 심하게 부풀어 오를 수 있습니다.
- 치즈케이크는 팬에서 분리하지 않고 그대로 냉장고에서 6시간 이상 차게 식힌 후 칼을 따뜻하게 해서 커팅하면 깔끔하게 자를 수 있어요.
- **보관** : 치즈케이크는 만든 다음 날 더 맛있습니다. 밀폐용기에 담아 4~5일 냉장 보관 가능합니다. 더 오래 두고 먹으려면 냉동 보관합니다.

레몬바

새콤달콤 상큼한 레몬바를 만들어볼 거예요. 레몬즙을 짜서 듬뿍 넣고 껍질까지 갈아 넣어 싱그러운 맛을 느낄 수 있어요. 먼저 크러스트를 만들어 굽고 그 위에 레몬 필링을 올려 한 번 더 구워줍니다.

Air fryer

크러스트
160℃ / 20분

레몬 필링
160℃ / 20분 → 쿠킹호일 덮고 → 10분

Oven

크러스트
170℃ / 15분

레몬 필링
170℃ / 20분

재료 16.5cm x 16.5cm 정사각 팬(2호) 1개 분량

크러스트

버터 50g
슈거파우더 19g
박력분 90g
소금 1꼬집

레몬 필링

달걀 160g
설탕 150g
레몬즙 120g
박력분 30g
레몬 제스트 3g

미리 준비하기

- 정사각 팬의 대각선 길이는 약 23cm입니다. 용량이 작은 에어프라이어에는 들어가지 않을 수 있으니 더 작은 것으로 준비합니다.
- 버터는 1cm x 1cm 정육면체 모양으로 썰어둡니다.
- 정사각 팬에 유산지를 깔아줍니다.(149쪽 참고)
- 레몬 껍질의 노란 부분만 제스터로 벗겨내 레몬 제스트를 준비합니다.
- 레몬 제스트는 설탕에 30분~1시간 버무려두면 레몬 향이 더 풍부한 레몬바를 만들 수 있어요.
- 레몬즙은 레몬 주스보다 레몬을 직접 짜서 사용하는 것이 훨씬 맛있어요.

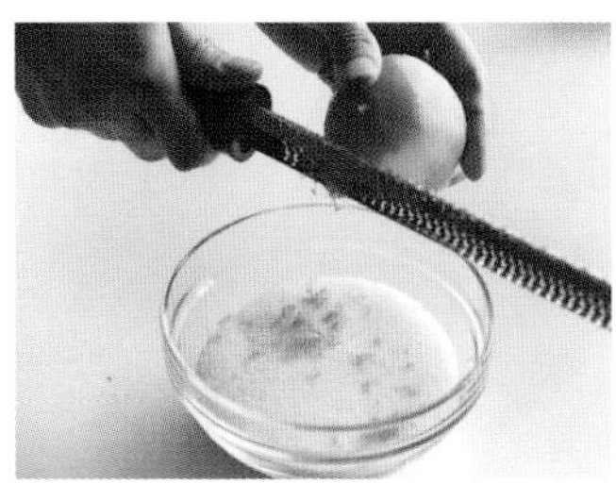

만드는 법

• 크러스트

1 볼에 박력분, 슈거파우더, 소금을 담고 정육면체 모양으로 썬 차가운 버터를 넣어주세요.

2 스크래퍼로 버터를 쌀알 크기 정도가 될 때까지 다져주세요.

참고 … 1~2 과정은 푸드프로세서를 이용하면 더욱 편리합니다. 푸드프로세서를 3초씩 끊어서 작동해가며 버터를 잘게 다집니다.

3 양 손바닥으로 가루를 크게 잡아서 누르듯이 뭉쳐주세요. 버터가 가루에 코팅되어 밀가루 색이 노르스름해지고 가루끼리 서로 뭉치기 시작하는 정도로 만들어주세요.

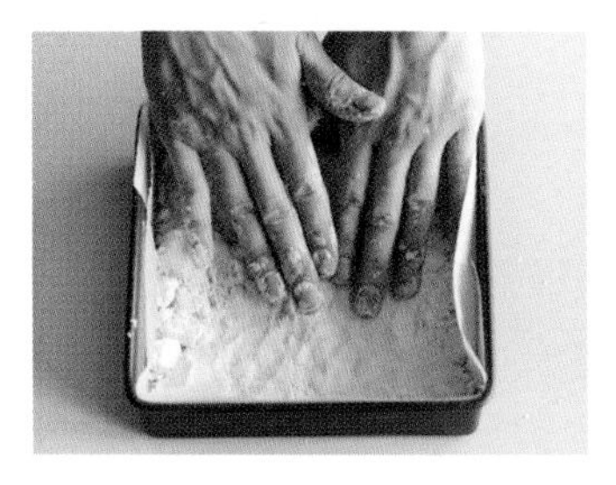

4 유산지를 깐 정사각 팬에 크러스트 반죽을 꾹꾹 눌러 평평하게 다집니다.

5 예열한 에어프라이어에 160℃로 20분 구워주세요.

170℃ / 15분

• 레몬 필링

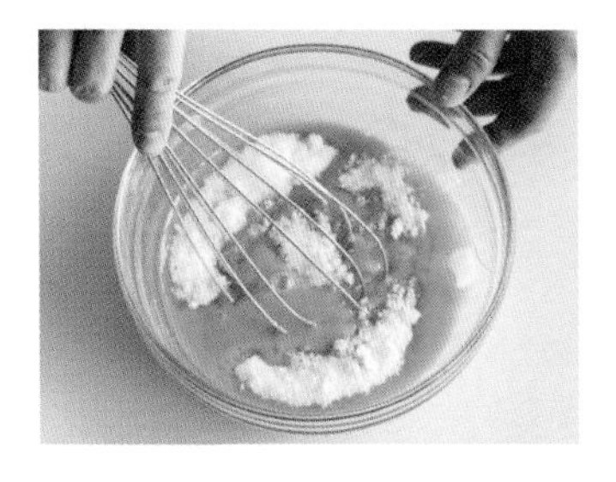

6 달걀을 손거품기로 가볍게 풀고 미리 버무려둔 설탕과 레몬 제스트를 넣고 섞어주세요.

7 체로 친 박력분을 6에 넣고 덩어리지지 않도록 손거품기로 섞어주세요.

8 7에 레몬즙을 넣고 손거품기로 섞으면 필링이 완성됩니다.

9 8을 5의 구운 크러스트 위에 부어주세요.

10 예열한 에어프라이어에 160℃로 30분 구워주세요.

참고 … 윗면이 타지 않도록 20분 굽고 나서 윗면을 쿠킹호일로 덮고 10분 더 구워주세요.

170℃ / 20분

Note

- 구운 레몬바는 팬에서 분리하지 않고 그대로 냉장고에서 6시간 이상 차게 식힌 후 칼을 따뜻하게 해서 커팅하면 깔끔하게 자를 수 있어요.
- **보관** : 밀폐용기에 담아 3~4일 냉장 보관 가능합니다. 더 오래 두고 먹으려면 냉동 보관합니다.

MAHOGANY

피칸파이

피칸파이는 호불호가 적고 만들기도 쉬워서 선물하기 좋은 파이예요. 보통 호두파이나 피칸파이 필링에는 흑설탕을 많이 사용하지만, 머스코바도를 넣어서 만들어보세요. 비정제 설탕 특유의 풍미가 흑설탕보다 한 차원 높은 고급스러운 맛을 낸답니다. 바삭함을 살리기 위해 먼저 파트 사브레로 타르트셸을 만들어 굽고 파이 필링을 부어서 한 번 더 구워주세요.

 **Air fryer**

파트 사브레
160℃ / 10분 → 누름돌 제거하고 → 10분

파이 필링
160℃ / 20분 → 쿠킹호일 덮고 → 20분

 **Oven**

파트 사브레
170℃ / 10분 → 누름돌 제거하고 → 10분

파이 필링
160℃ / 40분

재료

낮은 타르트틀 3호
(높이 2cm x 지름 20cm) 1개 분량

파트 사브레

박력분 88g
아몬드 파우더 11g
슈거파우더 33g
버터 53g
소금 1g
달걀 17g

파이 필링

달걀 76g
꿀 30g
물엿 40g
머스코바도 50g
버터 50g
바닐라 엑스트랙 2g
소금 2g
피칸 215g

미리 준비하기

- 파트 사브레에 필요한 재료는 모두 차갑게 준비합니다.
- 버터는 1cm x 1cm 정육면체 모양으로 썰어둡니다.
- 파이 필링에 필요한 재료는 모두 실온 상태로 준비합니다.
- 피칸은 끓는 물에 1~2분 데친 후 물기를 빼고 100℃로 에어프라이어에 2시간 정도 구우면 불순물이 제거되고 잡맛이 날아가서 훨씬 고소한 피칸파이를 만들 수 있어요. 데쳐서 구운 피칸파이는 식힌 다음 밀폐해서 냉장 보관합니다.
- 파트 사브레 반죽에 들어가는 소금은 달걀에 넣고 미리 녹여주세요.
- 타르트틀에 맞게 유산지를 둥글게 재단하고 가장자리에 칼집을 내주세요. 여기서는 유산지를 3번 접어 부채꼴 모양으로 만들고 잘라주었습니다.

만드는 법

• 파트 사브레

'파트'는 프랑스어로 '반죽'이라는 뜻이고 '사브레'는 '모래'라는 뜻입니다. 버터 함량이 많아 모래처럼 가볍게 부서지는 식감의 반죽을 '파트 사브레'라고 하는데, 타르트지뿐만 아니라 쿠키를 만들 때도 두루 쓰입니다. 당도가 있고 입안에서 부드럽게 부서지기 때문에 과일 타르트나 치즈 타르트, 견과류 타르트에 잘 어울립니다.

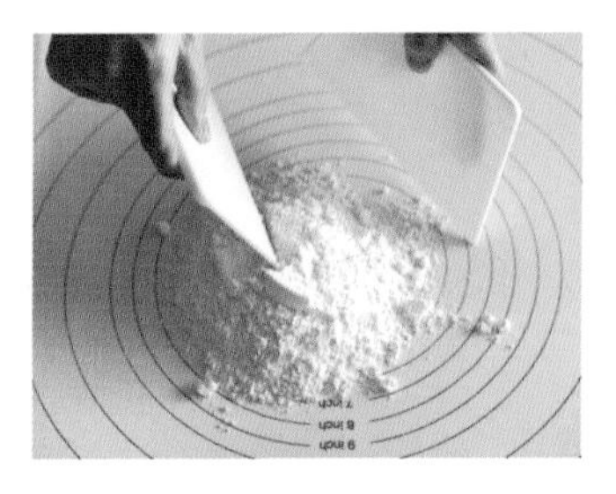

1 박력분, 아몬드 파우더, 슈거파우더를 작업대에 올리고 스크래퍼로 잘 섞어주세요.

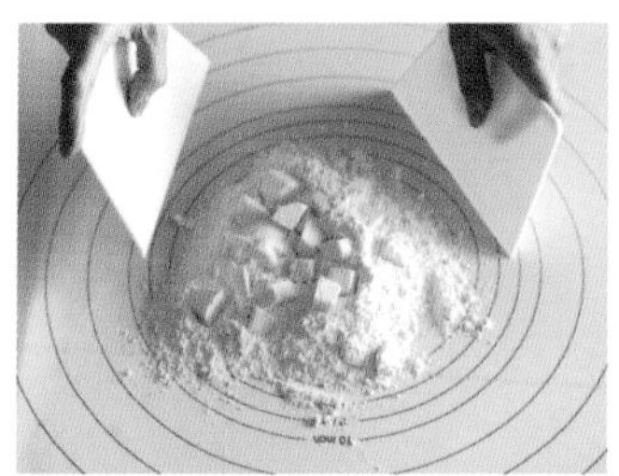

2 정육면체 모양으로 썬 차가운 버터를 1의 가루 재료 위에 놓고 쌀알 정도로 작아질 때까지 스크래퍼로 잘게 다져주세요.

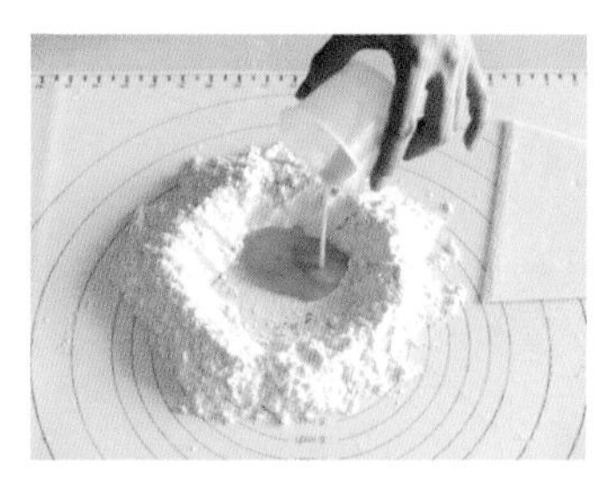

3 달걀에 소금을 넣고 풀어서 2에 넣고 스크래퍼로 자르듯이 보슬보슬하게 섞어주세요.

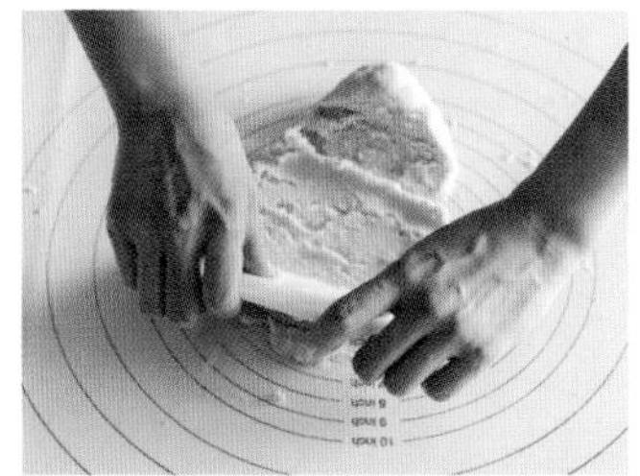

4 달걀이 어느 정도 흡수되면 가볍게 한 덩이로 뭉쳐주세요.

5 스크래퍼로 반죽을 누르듯이 뭉개서 전체적으로 골고루 섞어주세요.

참고 … 이 작업을 '프라제(fraser)'라고 합니다. 버터가 다른 재료들과 균일하게 섞이도록 하는 것으로 손의 열기에 버터가 녹지 않도록 신속하게 작업합니다.

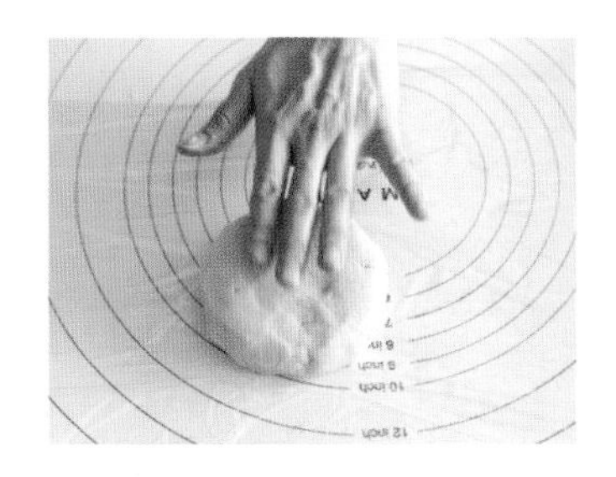

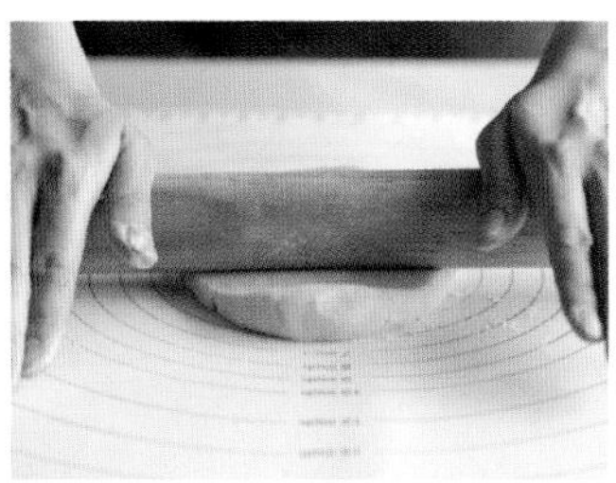

6 반죽을 둥글납작하게 만든 다음 랩을 씌워 단단해질 때까지 냉장고에서 휴지시킵니다.

7 단단해진 반죽을 밀대를 이용해 3mm 두께의 넓은 원형으로 만들어주세요. 틀의 지름보다 5cm 정도 넓게 펴주세요.

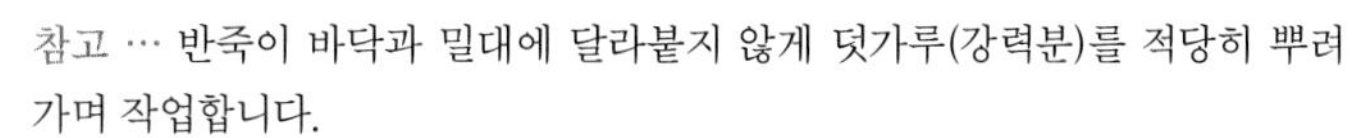

참고 … 반죽이 바닥과 밀대에 달라붙지 않게 덧가루(강력분)를 적당히 뿌려가며 작업합니다.

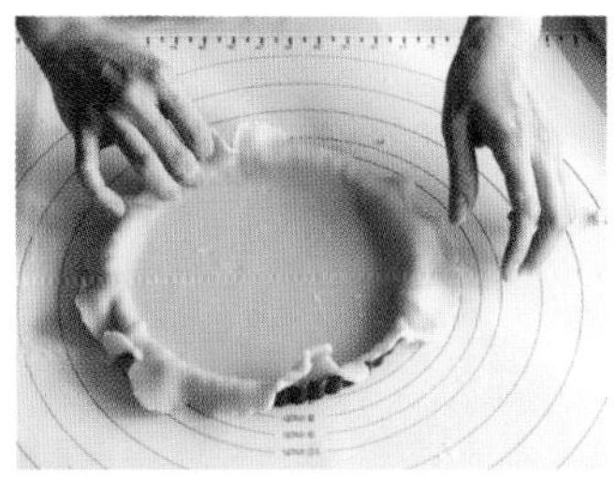

8 밀대에 반죽을 감아 틀 위에 올리고 조심스럽게 펼친 다음 틀에 반죽을 끼워 넣어주세요. 틀에 반죽이 밀착되도록 손으로 잘 누르고, 끝부분을 깔끔하게 정리합니다.

9 바닥에 포크로 구멍을 뚫고, 다시 반죽이 단단해지도록 냉장고에 넣어 휴지시킵니다.

참고 … 반죽에 구멍을 내는 것을 '피케'라고 하는데, 반죽이 부풀어 오르지 않게 합니다.

팁 … 굽기 직전에 차가운 상태로 에어프라이어에 들어가야 타르트셸의 모양이 그대로 유지됩니다.

10 반죽 위에 유산지를 깔고, 누름돌을 가득 올려주세요.

참고 … 누름돌은 타르트셸이 부풀지 않게 하는 역할을 합니다. 누름돌이 없을 경우 마른 콩이나 팥, 쌀알 등으로 대신해도 됩니다.

11 예열한 에어프라이어에 160℃로 10분, 누름돌을 제거하고 10분 더 구워주세요.

170℃ / 20분

• 파이 필링

12 꿀, 물엿, 머스코바도, 버터, 바닐라 엑스트랙, 소금을 냄비에 넣어 주세요.

13 한 번 전체적으로 끓어오를 때까지 저으면서 데워주세요.

14 따뜻한 정도로 식힌 후 달걀을 넣고 손거품기로 잘 섞어주세요.

참고 … 뜨거운 필링에 달걀을 섞으면 달걀이 익을 수 있으니 주의합니다.

15 타르트셸 속에 피칸을 가득 채우고, 필링을 타르트셸 높이만큼 부어주세요.

16 예열한 에어프라이어에 160℃로 40분 구워주세요.

참고 … 윗면이 타지 않도록 20분 굽고 나서 윗면을 쿠킹호일로 덮고 20분 더 구워주세요.

160℃ / 40분

Note

- 파이를 반듯하게 조각내려면 차갑고 단단하게 굳혀 잘 드는 칼로 위에서 아래로 힘주어 단번에 잘라냅니다.
- 에어프라이어나 밑불이 없는 오븐으로 타르트를 만들 때, 필링과 타르트셸을 한꺼번에 구우면 바닥까지 열이 잘 전달되지 않아 타르트셸 바닥과 필링이 맞닿은 부분이 덜 익게 되니 반드시 타르트셸 초벌 굽기를 해주세요.
- **보관** : 밀폐해서 서늘한 실온에 3~4일 보관할 수 있습니다. 더 오래 두고 먹으려면 냉동 보관합니다.

키슈

프랑스의 대표적인 달걀 요리인 키슈(quiche)는 프랑스 로렌 지방에서 처음 만들어져 '키슈 로렌'이라고도 불립니다. 타르트 시트인 바삭한 파트 브리제와 부드러운 아파레이유(생크림, 달걀 등으로 만드는 필링 종류), 여러 가지 채소와 치즈가 어우러져 든든한 한 끼 식사로도 충분합니다. 타르트셸을 만들어 굽고 미리 구워둔 채소와 아파레이유를 넣어 다시 한 번 구워냅니다.

재료 윗면 지름 18.5cm x 밑면 지름 16cm x 높이 4cm 망게틀 1개 분량

파트 브리제

박력분 135g
버터 70g
달걀노른자 10g
물 32g
소금 1g

아파레이유

달걀 70g
생크림 100g
우유 50g
소금 1g
후춧가루 1g
넛맥 파우더 1꼬집

속재료

베이컨 80g
아스파라거스 90g
양파 90g
양송이버섯 70g
방울토마토 5개
청양고추 2개
체다 치즈 20g
그뤼에르 치즈 35g
파르메산 치즈 20g

 Air fryer

파트 브리제
160℃ / 10분 → 누름돌 제거하고 → 10분
아파레이유 넣고
170℃ / 25분 → 쿠킹호일 덮고 → 10분

 Oven

파트 브리제
180℃ / 15분 → 누름돌 제거하고 → 15분
아파레이유 넣고
180℃ / 35분

미리 준비하기

- 양파와 양송이버섯은 얇게 썰고, 베이컨과 아스파라거스는 한입 크기로 썰어주세요.
- 위의 채소와 베이컨에 올리브유 1큰술을 넣고 고루 버무린 다음 소금으로 간을 하고 에어프라이어에 180℃로 5분, 뒤집어서 5분 구워주세요.
- 버터는 1cm x 1cm 정육면체 모양으로 썰어둡니다.
- 방울토마토는 반으로 자르고, 청양고추는 얇게 썰어둡니다.
- 파트 브리제에 들어가는 달걀노른자, 물, 소금은 미리 섞어서 차갑게 준비합니다.
- 타르트틀에 맞게 유산지를 둥글게 재단하고 가장자리에 칼집을 내주세요.

만드는 법

• 파트 브리제

'브리제(brisée)'는 프랑스어로 '부서진, 깨진'이라는 뜻입니다. 파트 브리제 반죽은 달지 않고 가벼운 결이 있어 겹겹이 부서지는 식감을 가졌습니다. 파트 브리제 반죽을 바삭바삭하게 만들려면 반드시 차가운 상태의 버터를 밀가루 위에서 잘게 다지듯이 섞어야 합니다. 키슈, 치즈타르트, 에그타르트, 플랑, 미트 파이 등에 잘 어울립니다.

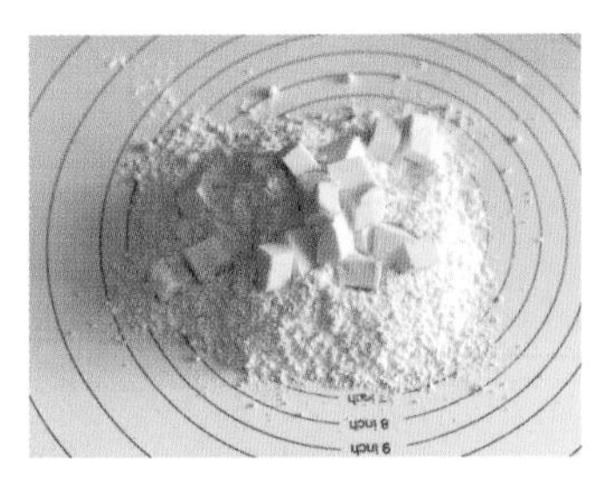

1 박력분 위에 정육면체 모양으로 썬 차가운 버터를 올리고, 스크래퍼를 이용해 팥알에서 쌀알 정도 크기가 될 때까지 작게 다져주세요.

2 1의 가운데 공간을 만들고 미리 섞어둔 달걀노른자, 물, 소금을 부어주세요.

3 반죽이 보슬보슬한 소보로처럼 될 때까지 스크래퍼로 자르듯이 섞어주세요.

참고 … 액체가 넘치지 않도록 안쪽부터 조심스럽게 섞어줍니다.

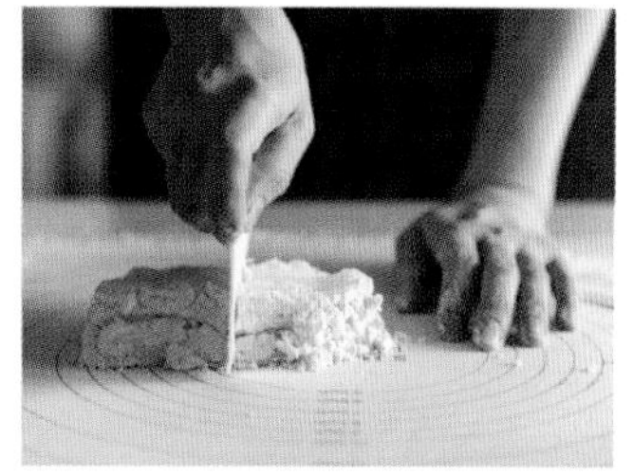

4　가루가 거의 보이지 않으면 스크래퍼로 눌러서 뭉쳐가며 한 덩어리로 만들어주세요.

참고 … 중간 중간 절반을 잘라 접고 겹치듯이 뭉치면 구웠을 때 겹겹이 둘러싼 파이 결이 살아납니다.

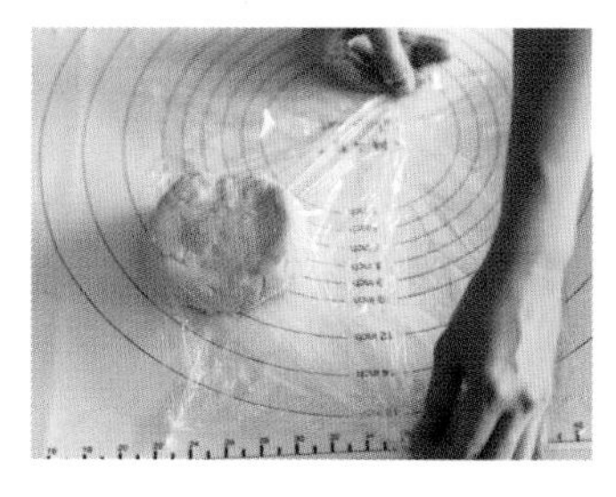

5　한 덩이가 된 반죽을 둥글납작한 모양으로 만들어 랩이나 비닐에 싸서 냉장고에 1시간 이상 휴지시킵니다.

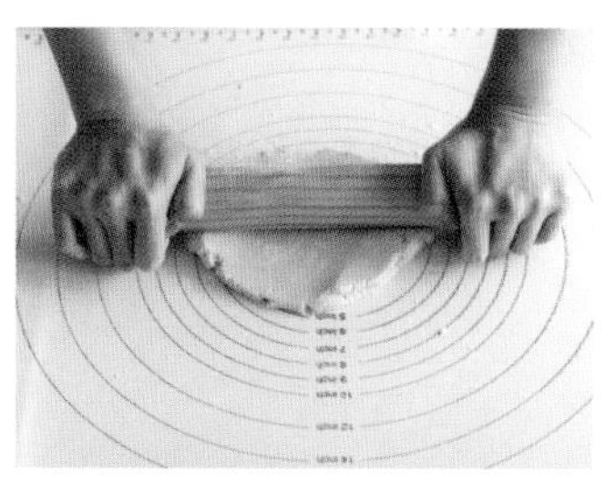

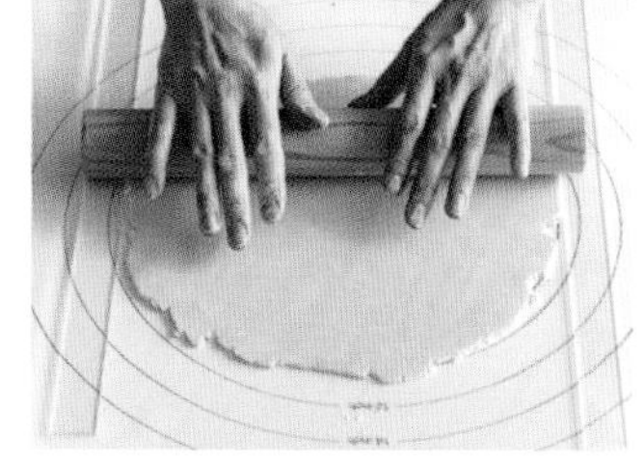

6　휴지시킨 반죽을 밀대를 사용해 3mm 두께의 넓은 원형으로 만들어주세요. 틀의 지름보다 5cm 정도 넓게 펴주세요.

참고 … 반죽이 바닥과 밀대에 달라붙지 않도록 덧가루(강력분)를 적당히 뿌려가며 작업합니다.

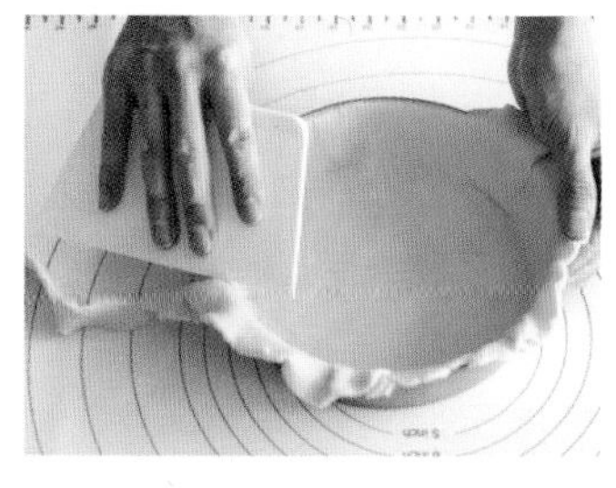

7　밀대로 반죽을 감아 틀 위에 올리고 끼워 넣어주세요. 손으로 눌러서 틀에 반죽을 밀착하고, 끝부분을 칼이나 스크래퍼로 깔끔하게 정리합니다.

8　바닥에 포크로 구멍을 뚫고, 반죽이 단단해지도록 냉장고에 10~20분 휴지시킵니다.

참고 … 구멍을 내면 반죽이 부풀어 오르지 않습니다.

팁 … 차가운 상태에서 구워야 타르트셸의 모양을 유지할 수 있어요.

9 반죽 위에 유산지를 깔고 누름돌을 가득 올려주세요.

참고 … 누름돌은 타르트셸이 부풀지 않게 하는 역할을 합니다. 누름돌이 없을 경우 마른 콩이나 팥, 쌀알 등으로 대신합니다.

10 예열한 에어프라이어에 160℃로 10분, 누름돌을 제거하고 10분 더 구워주세요.

참고 … 전체적으로 옅은 갈색이 될 때까지 70~80% 정도 구워주세요.

180℃ / 30분

11 구운 파트 브리제가 뜨거울 때 붓으로 달걀노른자를 얇게 발라주세요.

참고 … 이 과정을 '도레(dorer)'라고 합니다. 수분이 많은 아파레이유와 타르트셸이 맞닿았을 때 쉽게 눅눅해지지 않고 바삭한 상태가 오래 유지되도록 도와줍니다.

• 아파레이유

타르트나 파이 안에 부어 굽는 충전물 중 특별히 묽은 제형을 아파레이유라고 합니다.

12 생크림, 우유, 달걀, 소금을 볼에 넣고 손거품기로 잘 섞어주세요.

13 12를 체로 걸러 알끈과 불순물을 제거한 다음 후춧가루와 넛맥 파우더를 넣어주세요.

참고 … 통후추를 굵게 갈아서 사용하고, 넛맥 파우더는 생략해도 됩니다.

• 완성하기

14 미리 초벌 굽기 해둔 타르트셸에 체다 치즈와 그뤼에르 치즈를 깔아주세요.

15 미리 준비하기에서 구워둔 채소와 베이컨을 타르트셸에 꽉꽉 채워주세요.

16 아파레이유를 타르트셸에 가득 부어주세요.

17 파르메산 치즈를 갈아서 올리고 예열한 에어프라이어에 170℃로 35분 구워주세요.

참고 … 윗면의 구움색이 진하지 않도록 25분 굽고 나서 쿠킹호일을 윗면에 덮고 10분 더 구워줍니다.

180℃ / 35분

Note

- 햄, 연어, 감자, 브로콜리, 시금치, 대파, 가지, 불고기 등도 키슈에 잘 어울리는 재료이니 다양하게 응용해보세요.
- 키슈에 가장 기본으로 사용되는 것이 그뤼에르 치즈예요. 그 외에도 파르메산, 체다, 모차렐라, 에담, 에멘탈, 잭 치즈 등을 다양하게 활용해보세요. 치즈는 2~3가지 종류를 섞으면 더욱 맛있습니다. 파르메산 치즈는 가루 형태 말고 덩어리를 갈아서 사용하는 것이 좋습니다.

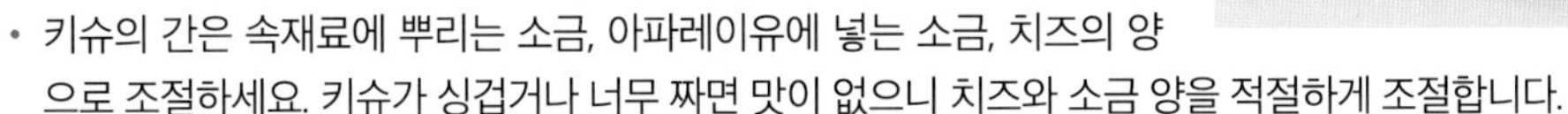

- 키슈의 간은 속재료에 뿌리는 소금, 아파레이유에 넣는 소금, 치즈의 양으로 조절하세요. 키슈가 싱겁거나 너무 짜면 맛이 없으니 치즈와 소금 양을 적절하게 조절합니다.
- **보관** : 키슈를 만든 그날 먹어야 가장 맛있습니다. 하루 지나면 타르트셸이 눅눅해져 식감이 떨어집니다. 공기가 잘 통하는 서늘한 실온에 보관하고, 하루 지나면 밀폐해서 냉장 보관해두었다가 2일 내로 먹는 것이 좋습니다.

일본식 연유 마들렌

마들렌은 조개 모양으로 구운 프랑스의 대표적인 쿠키예요. 여기서는 프랑스식 마들렌과 조금 다른, 공기 포집을 해서 만드는 일본식 마들렌 레시피를 소개합니다. 마들렌처럼 보송보송하면서, 카스텔라처럼 부드럽기 때문에 어른, 아이 할 것 없이 누구나 좋아할 거예요.

150℃ / 20분

160℃ / 12분

재료 밑면 지름 6.5cm x 윗면 지름 9.5cm x 높이 3cm 일회용 은박 마들렌틀 4개 분량

달걀 75g
설탕 70g
소금 1g
박력분 70g
탈지분유 7g
베이킹파우더 1g
버터 45g
생크림 30g
바닐라 엑스트랙 3g
연유 10g

미리 준비하기

- 박력분, 베이킹파우더, 탈지분유는 함께 계량하고 체로 쳐서 준비합니다.
- 버터, 생크림, 연유, 바닐라 엑스트랙은 한꺼번에 담아 중탕으로 데워 사용하기 전까지 50℃를 유지하세요.

만드는 법

1 달걀을 볼에 넣고 손거품기로 푼 다음 설탕, 소금을 넣고 잘 섞어주세요.

2 1을 중탕으로 잘 저어가면서 45도까지 온도를 높여주세요.

참고 … 달걀에 비해 설탕 양이 많아서 온도가 낮으면 거품이 올라오지 않으니 온도를 충분히 높여줍니다.

3 2를 핸드믹서로 고속 휘핑해주세요. 반죽을 떨어뜨렸을 때 제자리에서 쌓이는 농도가 적당합니다.

참고 … 떨어뜨린 자국이 바로 사라지지 않고 1초 정도 남았다 사라지면 적당합니다.

4 미리 체로 친 가루 재료를 3에서 휘핑한 재료에 넣고 주걱으로 가볍게 섞어주세요.

참고 … 한 손으로는 주걱을 뒤집고, 다른 손으로는 볼을 일정하게 돌리면서 섞어주세요. 이 단계에서 너무 많이 섞으면 반죽의 거품이 꺼지니 주의합니다.

5 중탕으로 데워둔 버터, 생크림, 연유, 바닐라 엑스트랙이 담긴 볼에 4의 반죽을 한 주걱만 떠 넣고 골고루 섞어주세요.

6 5를 4에 붓고 볼을 돌려가면서 주걱으로 가볍게 섞어주세요.

참고 … 녹인 버터를 바로 붓는 것보다 반죽을 약간 섞은 다음 원래 반죽에 넣고 섞으면 반죽의 거품이 꺼지지 않도록 섞을 수 있습니다.

팁 … 버터와 생크림의 기름기는 달걀의 거품을 잘 꺼지게 합니다. 온도가 낮을수록 이러한 성질이 강해지므로 버터가 담긴 볼을 중탕 물에 올려두고 사용하기 직전까지 반드시 50℃를 유지합니다.

7 틀에 반죽을 80% 채우고 에어프라이어에 150℃로 20분 구워주세요.

160℃ / 12분

Note

- 반죽을 주걱으로 지나치게 많이 섞으면 가볍고 보송한 식감이 아닌 무겁고 거친 식감이 됩니다. 골고루 잘 섞이면 곧바로 틀에 담아줍니다.
- 일회용 은박 틀을 여러 장 겹쳐서 구우면 좀더 튼튼하고 안정적으로 구울 수 있습니다.
- **보관** : 밀폐해서 서늘한 실온에 두면 3일까지 맛있게 먹을 수 있습니다. 더 오래 두고 먹으려면 냉동 보관합니다.

파블로바

호주의 국민 디저트 파블로바는 러시아의 세계적인 무용수 안나 파블로바의 호주 방문을 기념해서 처음 만들어진 디저트라고 합니다. 부드러우면서도 바삭한 머랭 위에 크림과 각종 과일을 얹어 먹습니다. 여기서는 새콤한 요거트 생크림을 더해 상큼한 맛을 살려보았어요.

Air fryer
100℃ / 90분 → 뒤집어서 → 30분

Oven
100℃ / 120분

재료 지름 약 12cm 2개 분량

파블로바
달걀흰자 70g
설탕 70g
옥수수 전분 4g
레몬즙 2g
바닐라 엑스트랙 2g

요거트 크림
생크림 50g
설탕 5g
플레인 요거트 11g
요거트 파우더 9g

미리 준비하기

- 달걀흰자는 차갑게 준비합니다.
- 볼이나 휘퍼에 물이나 기름기가 묻어 있지 않도록 깨끗하게 준비합니다.

만드는 법

• 파블로바

1 차가운 달걀흰자에 설탕을 3번 나눠 넣어가며 핸드믹서로 단단한 머랭을 만들어주세요.

2 체로 친 옥수수 전분, 레몬즙, 바닐라 엑스트랙을 1에 넣고 잘 섞일 때까지 핸드믹서로 짧게 저속 휘핑해주세요.

3 테프론 시트 위에 머랭을 떠서 올리고 자연스럽게 둥근 모양을 만들어주세요.

4 예열한 에어프라이어에 100℃로 2시간 구워주세요.

참고 … 90분 굽고 뒤집어서 다시 30분 구워주세요.

100℃ / 120분

• 요거트 크림

5 차가운 생크림에 설탕, 플레인 요거트, 요거트 파우더를 넣고 뿔이 설 정도로 단단하게 휘핑해주세요.

참고 … 생크림은 액체의 온도가 10℃ 이상이면 아예 휘핑되지 않으므로 냉장 보관한 차가운 생크림을 사용하고, 얼음물을 받쳐 차가운 상태에서 휘핑합니다.

6 파블로바에 요거트 크림과 과일을 자유롭게 장식해주세요.

Note

- 파블로바는 낮은 온도에서 오랫동안 말리듯이 구워 수분을 충분히 날려 주세요.
- 파블로바처럼 가벼운 과자를 에어프라이어에 구우면 바닥에 깐 종이호일이나 테프론 시트가 열풍에 날려 뒤집힐 수 있어요. 반드시 작은 자석으로 고정합니다.
- **보관** : 파블로바에 크림을 올리면 점점 눅눅해지니 만들자마자 바로 먹는 것이 좋습니다. 크림을 올리지 않은 파블로바는 밀폐용기에 방습제와 함께 담아 서늘한 실온에서 3일 정도 보관할 수 있습니다.

Lotus
Lotus
Lotus
Lotus